KB020736

HOTEL traveling

Europe

HOTEL traveling

Europe

HOTEL traveling

Europe

HOTEL

traveling

Europe

traveling

HOTEL

Europe

HOTEL

traveling

Europe

HOTEL trav

유 럽
호 텔
여 행

HOTEL traveling

Europe

유럽
호텔
여행

박선영 지음

만요사

수필이 되는 밤

호텔에 대한 나의 첫 기억은 일곱 살 때로 거슬러 올라간다. 어느 초여름 오후, 엄마가 아이스크림을 먹으러 가자며 나와 동생을 고운 원피스로 갈아입히고 소공동의 한 호텔로 데려간 그날이다. 은그릇에 올려진 알록달록한 아이스크림의 달콤함이 입 안에서 퍼지며 피어나던 미소는 내 유년기의 잊을 수 없는 장면이다.

그보다 더 선명한 건 호텔 라운지에 흐르던 어떤 공기와 분위기였다. 화려하고 도톰한 카펫을 밟는 이들의 보드라운 발걸음 소리, 벽면을 가득 채운 아름다운 초록의 풍경화, 엄마의 얼굴을 유난히 예쁘게 만들어주던 노오란 조명…. 무엇보다 사람들의 표정이 온화하고 느긋했으며, 속삭이는 작은 목소리들이 공기 속을 둥둥 떠다니는 듯했다. 그날 호텔의 모든 풍경은 어린 나의 눈에도 새롭고 경이로운 세계였다.

여행할 결심이 서면 나는 어느 호텔에 묵을지를 먼저 고민한다. 공항, 기차역, 레스토랑, 광장, 버스 안 등 연속해서 마주치는 여러 낯선 곳들의 종착지인 호텔은 그 어떤 장소들보다 여행자와 밀접하고 친밀하다. 지나온 여정을 상기하며 긴 호흡으로 긴장을 내려놓는 시간. 낯선 도시에서 잠시나마 '유일하게 사적인 공간'이 되는 호텔은 그래서 사소하지 않은 여행의 중요한 요소가 된다. 때로는 오로지 마음에 품은 호텔에 가고 싶은 마음 하나로 먼 여행을 감행하기도 한다. 어느 도시에선가는 닷새를 머무는 동안 네 군데의 호텔을 방문한 적도 있다.

최상의 편안함과 만족감을 제공하려는 호텔의 노력은 저마다의 '탁월한 선택'으로 드러난다. 호텔의 건축과 인테리어, 가구, 비품에 이르는 물리적인 요소부터 호텔이 가진 히스토리, 각자가 추구하는 서비스와 브랜딩을 포함해 보이지 않는 요소까지 말이다. 심지어 객실에 비치된 타월과 어메니티가 어느 브랜드의 제품인지에 따라 그 호텔의 아이덴티티를 읽어낼 수 있고, 곳곳에 어떤 책을 구비해 두었는지를 보면 그 호텔의 취향을 파악할 수 있다.

객실의 전기 주전자에 물을 올릴 때, 그 많은 제품들 가운데 이것 하나를 택하기 위해 얼마나 고심했을지를 떠올리면 나는 그것이 예사로 보이지 않는다. 스톡홀름을 기반으로 여러 개의 호텔을 운영하는 노비스 호스피탤러티 그룹Nobis Hospitality Group의 설립자 알레산드로 카테나치Alessandro Catenacci는 "호텔의 플레이 리스트를 체크하기 위해 로비에 14시간을 앉아 있기도 했다"고 말한다. 그만큼 호텔을 구성하는 A부터 Z까지의 모든 요소들은 세심하고 구체적이다.

최근 건축과 가구, 제품을 아우른 전방위적인 디자인의 최전선은 다름 아닌 호텔이라고 할 수 있다. 호텔들이 자체의 기획력으로 유명 건축가나 디자이너, 아티스트와 적극적으로 협업해 탁월한 브랜딩과 스토리텔링을 만들어내기 때문이다. 거기에는 최고의 럭셔리를 지향한 결과물뿐 아니라 개성을 강조하며 키치와 팝, 때론 의도적으로 험블한 것을 뒤섞은 것까지 다채롭다.

규모가 작은 호텔일수록 각자가 내세우는 운영 전략은 전형성을 벗어나 전복과 새로운 재미를 추구하기도 한다. 가령 유서 깊은 클래식 호텔들이 고수하는 서비스맨십의 친절함이 아니라 조금은 냉담하고 쿨한 태도를 취하는 식이다. 또한 몇몇 호텔들은 매체나 출판을 통한 홍보를 의도적으로 꺼린다. 그들의 목적이 많은 손님을 끌어들여 매출 상승을 최대화하려는 게 아니라는 걸 의미한다. 그들은 호텔이 가진 고유한 문화와 분위기를 유지하며, 기존 고객들과의 관계를 더욱 공고히 가꾸어가는 데 섬세한 노력을 기울인다. 호텔이 어느 정도의 배타성을 가질 수밖에 없는 이유다.

이 책에 담긴 유럽의 27개 호텔들은 모두 나의 지극히 사적인 이끌림에서 찾아간 곳이다. 모든 곳을 아우르는 하나의 뚜렷한 선정 기준은 없다. 단지 한 곳 한 곳 머물고 싶었던 저마다의 이유가 있을 뿐이다. 백 년 전의 교도소를 개조한 호텔, 16세기 이탈리아 궁정인의 후손이 운영하는 팔라초의 호텔, 객실에 걸린 그림들을 쇼핑할 수 있는 파리의 호텔까지…. 다만 이 책에 담긴 호텔들을 따라가보라는 의미보다는, 호텔이라는 공간을 이토록 다채롭게 경험할 수 있다는 것을 전하고 싶었다. 여행의 한 주제로서의 호텔. 호텔로 인해 여행지는 더욱 빛날 수 있고, 호텔에서 펼쳐지는 여행의 추억과 자신을 주연으로 한 이야기가 삶을 더 풍요롭게 만들어줄 수 있다는 것을 말이다.

나의 글은 취재가 아닌 경험에 기반한다. 공간의 작은 흔적과 소리에도 마음을 기울였고, 호텔의 직원들과 우연히 나눈 이야기를 단서로 하룻밤을 더욱 밀도 있게 보낼 수 있었다. 4성급, 5성급 혹은 우버 럭셔리 같은 카테고리에 경중을 두지 않고 모든 호텔들이 시어詩語처럼 때로는 사소설私小說처럼 내 소중한 이야기들의 배경이 되어주었다. 낯선 도시에서 침대 곁의 흐린 조명을 켜고 잠시 포근했던 그 많은 시간들은 모두 수필이 되는 밤이었다.

2024년 초여름

박선영

prologue
수필이 되는 밤

5

헤밍웨이의 방

Hôtel d'Angleterre

호텔 당글레테르
파리

파리 생제르맹데프레의 호텔 당글레테르에 체크인을 했다. 호텔의 이름은 '영국 호텔'이란 뜻인데, 19세기에 영국 대사관이 있던 자리에 세워진 데서 연유한 이름이다. 1921년 12월, 미국에서 건너온 어니스트 헤밍웨이는 아내 해들리와 함께 이 호텔에서 몇 달을 머물렀다. 그가 지냈을 때는 거리 이름을 딴 호텔 자코브^{Hôtel Jacob}였지만, 작가가 머물던 14번 방은 여전히 그때의 모습을 그대로 간직하고 있다.

그 방에 꼭 묵고 싶다고 미리 몇 번이나 요청했건만 어찌 된 일인지 호텔 측에는 나의 예약 날짜가 오늘이 아닌 내일로 되어 있단다. 설왕설래 끝에 결국 헤밍웨이의 방은 잠시 둘러만 보기로 하고, 대신 내 방을 업그레이드 해주는 것으로 일단락되었다.

하우스키퍼가 한창 청소하고 있는 헤밍웨이의 방은 침구에서 털려 나온 먼지가 햇살 속에서 부유하고 있었다. 금사로 짠 두툼한 커튼과 같은 무늬의 골드 벽지 위에 헤밍웨이 부부의 파리 시절 흑백 사진이 액자에 걸려 있다. 아마도 그는 창가의 저 책상과 의자에 앉아서 친구에게 보낼 이런 편지를 썼을 것이다.

"자네가 아주 운이 좋아 젊은 시절 한때를 파리에서 지낼 수 있다면, 남은 평생 어디를 가더라도 파리에서의 추억이 자

네와 함께할 걸세."

그는 생제르맹데프레를 유독 사랑했다. 카페 드 플로르와 레 되 마고에서 드라이 마티니를 마시고, 이따금 가난의 허기를 잊기 위해 뤽상부르 공원을 헤매고 다녔다. 그의 책 『내가 사랑한 파리』에는 '헤밍웨이의 파리 발자취 지도'가 수록되어 있을 정도다. 14번 방은 그 시절을 간직한 채 낡아가고 있었고 오래된 것들의 묵은 냄새가 가득 피어올랐다.

새빨간 장미가 몽글몽글 피어난 정원을 가로질러 내 방 문을 열었다. 어둡고 묵직한 옛 가구들로 채워진 넓은 방이다. 높다란 창은 초록 덩굴이 아름답게 드리운 중정을 향해 열려 있다. 파리에서 글을 쓰며 살고 있는 이지은 씨가 구경 삼아 놀러 왔다. 파리에서 장식미술사를 공부한 그녀답게 방을 둘러보며 낭랑한 목소리로 이런 얘기를 들려준다.

"여기는 프랑스식이라기보다 완전 영국식이네요. 저 안락의자며 큼직한 옷장도 영국 스타일의 과시적이고 계급적인 느낌이 있어요. 기둥이 달린 침대도 전형적인 조지안식이고요."

유럽의 미술과 가구에 대해 척척박사인 그녀의 이야기에는 깊이와 너비를 아우르는 흥미진진함이 있다.

"여행을 하거나 이곳에서 생활할 때 유럽의 과거나 역사를 모르면, 볼 수 있는 것의 두께와 느낌이 얇을 수밖에 없어

요. 그런데 의미나 흐름을 알고 나면 본다는 차원을 넘어서 경험이 될 수 있지요."

침대에 걸터앉아 사뭇 진지하게 이런 얘기를 나누다가도 곧 떠날 그녀의 바캉스 계획에 덩달아 신이 나서 키득거리는 사이 오후가 지나갔다.

목이 말라 방 안을 두리번거리며 살펴보니 미니바가 없다. 슬리퍼도 보이지 않는다. 옛날 건물이라 에어컨도 없고 선풍기 하나가 전부다. 유럽인들은 대부분 에어컨 없이 여름을 보낸다지만, 쾌적함과 편안함을 보장해야 하는 호텔만큼은 예외여야 하지 않을까. 요즘 시대에 호텔의 냉난방이 원활하지 않다는 건 매우 곤란한 사안일 수 있다. 나는 나폴레옹 시절에 유행한 청록색 대리석 욕조마저도 기꺼이 사랑할 수 있는 타입이지만, 어떤 여행자에겐 예스러움을 유지하려는 호텔의 고집이 머무는 내내 불편을 초래할지도 모를 일이다.

센서 하나로 객실의 모든 컨디션을 조절할 수 있는 최첨단 세상에서 당글레테르 같은 호텔이 나아갈 앞으로의 향방이 궁금해질 수밖에 없다. 그저 불편하기만 한 낡은 호텔로 남게 될까? 아니면 사라져가는 오래된 호텔의 유니크함을 내세워 묵묵히 살아남을 수 있을까? 무거운 황동 열쇠를 손에 들고 이런저런 생각이 깊어간다.

내게 파리는 지도를 확인하지 않고서도 돌아다닐 수 있을 만큼 제법 익숙한 곳이다. 15년 전, 파리에서 일 년 동안 지낸 적이 있다. 유학도 아니었고 일 때문도 아니었다. 서른 살을 여기서 맞이하겠다는 단순한 결심으로 떠나온, 요즘 말로 '일 년 살기' 정도였달까.

꼭 해야만 하는 일이 없었기에 주어진 넉넉한 시간에 할 일이라곤 파리를 걷고 또 걷고 골목 구석구석을 헤매는 것뿐이었다. 돌이켜보면 가난했지만 청춘다운 시간이었다. 호텔 근처의 들라크루아 미술관은 그 무렵 자주 찾던 장소였는데 그곳의 적막함이 좋았다. 그새 몇 년간 보수 공사가 이뤄진 데다 내 기억 역시 아득해져서 다시 찾아가고자 길을 나선다.

15년 전과 지금을 긴 끈으로 이어보자면, 파리를 여행하는 건 지난 기억의 궤적을 더듬는 일이자 또다시 새로운 무언가를 발견하는 시간이다. 익숙하다 싶어졌을 때 또 다른 미지를 드러내는, 예측 불가능한 곳이 바로 파리이기 때문이다.

https://www.hotel-
dangleterre.com/
44 Rue Jacob
75006 Paris, France

호텔에서 그림을 사다

Hôtel des Académies
et des Arts

호텔 데자카데미 에 데자르
파리

다시 활기를 찾은 유럽을 여행하다 보니 지난 팬데믹 위기를 슬기롭게 극복한 호텔들이 눈에 띈다. 위기를 기회로 바꾸고자 영리하게 시도한 노력들이 다시금 돌아온 해외여행의 붐을 타고 톡톡히 결실을 보고 있는 것이다. 대대적인 리노베이션이나 인테리어 리뉴얼에 투자하거나, 호텔명을 바꾸면서까지 리브랜딩에 몰두하고, 호텔 운영 방식을 더욱 컴팩트하게 바꿔 나가는 방식이 대표적이다. 대개 이러한 현상은 기동성 있게 변화를 감행할 수 있는 작은 규모의 호텔들에서 더욱 뚜렷하다.

파리 6구에 위치한 호텔 데자카데미 에 데자르 역시 코로나 시기에 일 년간의 리노베이션을 거쳐 2022년 10월에 새롭게 문을 열었다. 다소 긴 호텔의 이름은 이곳이 위치한 거리가 품은 예술적 바이브에서 기인한다. 거리 이름인 그랑 쇼미에는 호텔 바로 맞은편에 위치한 미술·조각 아카데미의 이름이기도 하다. 1904년에 설립된 그랑 쇼미에 아카데미는 마이욜, 앙투안 부르델, 페르낭 레제가 학생들을 가르쳤는가 하면 알렉산더 콜더와 자코메티, 모딜리아니가 예술의 기교를 연마하기 위해 드나들었다. 전설적인 장소였던 것이다.

특히 전통적인 누드화 수업이 유명했는데 1960년대에 파리로 유학 온 화가 김환기가 수개월간 그림 그리기에 몰두한 곳으로도 알려져 있다. 120년이 흘렀지만 아카데미는 여전히 운영되고 있는데, 놀라운 건 '이 호텔의 투숙객이라면 누구나 클래스에 참여할 수 있다'는 것이다. 호텔의 리셉션 담당자인 아메니스가 들뜬 목소리로 알려준다.

"우리 호텔 투숙객들은 20유로만 지불하면 그랑 쇼미에에서 3시간 동안 그림을 그릴 수 있어요. 가르쳐주는 사람은 따로 없지만 누드 모델이 참석하는 세션에 들어가서 이젤과 모든 그림 도구들을 사용해 맘껏 자기표현에 몰입할 수 있죠. 그곳에서는 당신도 1900년대와 연결되어 있다는 느낌을 갖게 될 거예요."

인테리어를 담당한 스테파니 리제Stéphanie Lizée와 라파엘 휴고Raphael Hugot 듀오는 호텔 곳곳에 예술적인 기운을 발랄한 톤으로 불어넣었다. 입구에 들어서자마자 마주하게 되는 샛노랗고 새빨간 타일 벽화가 남프랑스적인 컬러 팔레트를 보여주고, 피카소에게 영감을 받은 프랑크 르브랄리Franck Lebraly의 드로잉이 천진한 만화경이 되어 천장을 뒤덮고 있다.

이뿐만 아니라 곳곳에 자리를 튼 회화, 드로잉, 세라믹 오브제 작품들이 눈에 띈다. 호텔과 함께 컬래버레이션한 예술가들의 작품으로, 호텔 내부의 모든 작품들은 구매가 가능하다고 아메니스가 전해준다. 객실 침대맡에 걸려 있는 드로

잉이든, 조식을 먹다가 눈길을 빼앗긴 회화든 마음에 드는 작품에 대해 물어보면 친절한 설명과 함께 선뜻 프라이스 리스트를 보여준다. 숙박을 하며 그림 쇼핑도 할 수 있는 셈이다.

이곳의 예술 콘셉트는 여기서 그치지 않는다. 다이닝룸 안쪽으로는 천장에서 자연광이 떨어지는 좁고 기다란 공간이 나타나는데, 그곳은 누구나 그림을 그리거나 드로잉을 끄적일 수 있는 창작의 영역이다. '드로잉 존'이라 불리는 이 공간에는 한쪽 코너에 커다란 이젤과 붓, 수채 물감, 파스텔, 크레용, 크고 작은 스케치북이 가지런히 놓여 있다. 꽤 노련한 솜씨로 그린 초상화, 아이의 손길로 그린 공원 풍경 등 투숙객과 방문자들이 남기고 간 자기만의 '예술적 흔적'이 두툼하게 쌓여 있다. 아마추어들이 남긴 서툴지만 진솔함이 묻어나는 그림들은 정겨우면서도 아름다웠다.

3층에 위치한 내 방은 한마디로 귀여움이 톡톡 묻어났다. 떡갈나무로 만들어진 작은 테이블과 스툴 그리고 천장에는 리셉션에서 본 화가의 일러스트가 그려져 있었다. 침대에 누워서야 제대로 마주하게 되는 형형한 색채의 드로잉과 벽걸이 선반에 놓인 세라믹 작품들이 자기를 바라봐 달라는 듯 앙증맞다. 예술을 콘셉트로 하면서도 조금 가볍게 다루려는 듯한 이들의 태도는 권태롭지가 않았다. 게다가 일하는 직원들은 과

도하게 경쾌하다. 한 마디를 건네면 열 마디가 돌아온다. 자기들끼리의 호들갑스러운 인사는 물론이고 라운지나 다이닝룸에 머물 때면 그들의 끝 모를 파리지엔 수다가 들려왔다.

체크아웃을 하던 아침, 호텔에 머무는 내내 나의 시선을 사로잡은 작품에 대해 물어보았다. 에디트 뵈르스컨스^{Edith Beurskens}라는 네덜란드 아티스트가 석고로 제작한 짙은 카키색의 추상 작업이었다. 장 아르프의 작품처럼 둥그스름한 추상의 형태가 부조로 드러나 리듬을 부여하는 모양새가 마음에 들었다. 가격을 물었더니 450유로라고 한다. 마음에 쏙 드는 것치고는 합리적인 가격이다. 서울까지의 배송비를 얹어 결제한 뒤 호텔을 나왔다.

코펜하겐과 빈, 베를린까지의 모든 여정을 마치고 서울에 도착한 날, 한 달 전 파리에서 보낸 작품이 공교롭게 바로 그날 우리 집에 도착했다. 얼른 꺼내 찬찬히 들여다보았다. 호텔에서 내가 왜 이 작품에 끌렸는지는 희미해졌지만, 여행이 선사한 하룻밤의 시공간이 다시금 생생히 떠올랐다. 뵈르스컨스의 작품은 그날부터 우리 집 거실의 하얀 벽에 걸려 있다.

www.hoteldesacademies.fr
15 Rue de la Grande
Chaumière
75006 Paris, France

사랑할 시간

Hôtel Amour

호텔 아무르
파리

프랑스어로 '사랑'을 뜻하는 아무르^{Amour}. 어쩐지 러브^{Love}에 비해 더욱 직접적이고 진한 에로스의 내음이 묻어난다. '러브'가 상대에게 나의 진솔함을 전달하는 것이라면, '아무르'는 상대방의 감정마저 내 사랑과 일치시키려는 뜨거운 갈구처럼 느껴진다. 파리 9구의 피갈^{Pigalle}에 위치한 호텔 아무르는 반짝이는 핑크색 네온사인을 건물 외벽에 내걸고 있다.

기이하고 독특한 28개의 객실을 보유한 이 부티크 호텔은 2011년에 문을 열 때부터 독특한 디자인과 콘셉트로 조용히 유명세를 탔다. 몽마르트르 언덕의 고조된 활기와 물랭루주의 시뻘건 취기가 뒤섞여 흐르는 피갈은 언덕으로 오르는 가파른 지형 때문인지 동네의 오밀조밀한 맛을 한층 더 느낄 수 있기에 오후의 산뜻한 산책을 절로 부른다.

호텔 아무르의 시작은 이렇다. 함께 위스키를 들이켜던 그라피티 아티스트 안드레 사라이바^{André Saraiva}와 호텔리어 티에리 코스테^{Thierry Costes}는 '집 밖의 또 다른 집'이라는 콘셉트의 호텔을 만들어보자는 아이디어에 의기투합했다. 칵테일파티가 끝나고 나른한 외박을 즐길 수 있는 숨겨진 방, 멋쟁이 어른들이 놀이터로 삼을 수 있는 장소, 그런 호텔을 말이다. 호텔 본연의 맥락이 살짝 달라지긴 했지만 그럴듯한 '호텔 사용법'이다. 사라이바는 이렇게 말한다.

"아무르는 새로운 세대의 기발한 친구가 될 수 있어요. 더 이상 궁궐 같은 호텔에서 머물 필요가 없죠."

어쩌면 이곳은 태생부터 여행객보다 외로운 파리지엔을 위한 곳이었는지 모른다.

웹사이트에 올라온 이 호텔의 사진들을 살피다 보면 각각의 방들이 얼마나 창의적이고 기이하며 동시에 이상한 친밀감을 불러일으키는지 확인하게 된다. 사라이바와 코스테는 각자의 집을 채우고 있던 가구들과 예술품들을 모조리 옮겨왔으며, 버려진 카펫과 빈티지 숍에서 오랫동안 진짜 주인을 기다려온 1960~1970년대의 조명들로 객실을 채워 나갔다. 어떤 방에는 현란한 디스코 볼이 돌아가고, 모노크롬 회화가 페일 핑크색 벽에 매달려 명상적인 에너지를 내뿜는다. M/M 파리, 소피 칼, 올리비에 잠, 마크 뉴슨, 장 필립 델롬 같은 아티스트들의 작품은 방 안 어딘가에 위장한 채로 숨은그림찾기처럼 우리들이 발견해주길 기다린다.

내가 예약한 방은 603호, 블루 듀플렉스 룸. 최근 새로 단장한 독특한 복층 구조의 방이다. 나는 어떤 특정한 방을 원할 경우엔 미리 요청하는 편이다. 나를 매혹시킨 사소한 요소들 때문에 그 방의 문을 꼭 열어보고 싶은 것이다. 듀플렉스 룸은 푸른색 주조가 눈을 사로잡았다. 청록색에 가까운 벽 타

일과 벨기에 디자이너 빌리 판데르메이런Willy Van Der Meeren의 커다란 옷장, 그리고 복층 구조가 주는 개방감 속에 한껏 분방한 인테리어 요소들이 녹아 있다.

무거운 열쇠를 건네받고 마침내 문을 열었다. 한눈에 들어오는 1, 2층의 시원한 공간 구획은 복잡한 고민 끝에 골라 입은 상·하의의 좋은 매치 같다. 당장 뒹굴거리고 싶은 분홍색 데이 베드와 대나무 테이블이 놓인 거실의 천진한 분위기…. 게다가 위층의 난간 뒤에는 또 무엇이 숨어 있을지 궁금증을 자아낸다.

가파른 계단을 오르면 꽤 넓은 침대 옆으로 온갖 책들이 두서없이 꽂혀 있는데, 난데없이 머리 위로 구름 낀 하늘이 훤히 보인다. 세상에! 천장이 마치 온실처럼 온통 유리로 덮여 있다. 이 듀플렉스 룸은 말하자면 두 건물 사이에 끼여 있는 반외부 공간인데, 유리 스크린으로 천장을 덮어 방으로 안착시킨 형태다. 이런 임시적인 구조는 언제나 흥미롭다. 몽마르트르 언저리의 기운을 끌어안고 살아가는 무명 예술가의 후미진 아틀리에 같기도 하다.

벽에는 작은 액자들이 시리즈로 쭉 걸려 있는데, 일본 포르노그래피 계열의 흑백 사진들이다. 사진작가 아라키 노부요시의 작업을 연상시키는, 결박당하고 어딘가에 매달린 여인들의 비틀어진 몸짓이 표현된 사디즘의 장면이다. 선반 위에 늘어놓은 각양각색의 술병과 휘갈겨 쓴 붓글씨가 그려진 도자기들, 거기에 온통 황금색으로 펼쳐낸 자포니즘풍의 병풍까지… 한껏 노골적이고 에로틱한 요소들이 진하게 감도는 이 기묘한 방에선 사랑의 불씨가 절로 피어날 것만 같다. 방에서 TV를 내쫓은 것도 "사랑을 나눌 시간도 부족해!"라고 외치는 이들의 짓궂은 지침임에 틀림없다.

다시 1층으로! 욕실이 공간의 절반 이상을 차지한다. 욕실이 점점 넓어지는 건 최근의 객실 디자인에서 많이 보이는 현상이다. 세면대도 넓게 쓰는 한편 샤워부스에도 핸드샤워뿐 아니라 머리 위에서 물이 떨어지는 오버헤드 샤워도 함께 갖춰놓는다. 이곳에선 심지어 대리석 타일로 감싼 욕조가 거실을 향해 나와 있다. 욕조가 욕실 밖으로 나가려는 경향에 빗대어 욕조를 '물이 담긴 침대'라고도 부르는데 딱 그 형국이다.

샴푸와 바디워시는 모두 스위스 브랜드 소더Soeder의 제품이다. 인위적인 향이 없고 질감도 꽤 매끄럽다. 호텔 혹은 도시마다 그들이 선택한 어메니티 브랜드도 제각각인데, 투숙객에겐 이 또한 소소한 즐거움이다. 코펜하겐은 프라마Frama를 쓰고, 스톡홀름에서는 바이레도Byredo를 제공함으로써 호텔과 브랜드가 탄생한 도시의 정체성을 동시에 내세운다. 어메니티를 섬세하게 선택하는 것도 호텔 전략의 일부다. 감각적으로 호텔을 인식하게 하는 향이자 촉감의 경험이며, 그것이 곧 호텔의 인상이 될 수 있기 때문이다.

잠시 기분 전환을 위해 호텔 밖에 나가보는 것도 좋겠다. 문만 열어도 볼거리가 지천으로 널려 있어 슬리퍼를 끌고 나가도 상관없다. 붉고 푸른 신선함이 가득 차오른 과일 가게를 지나 로즈 베이커리에서 달콤한 것들을 한 아름 담아 오는 묘미. 요가와 명상을 주제로 삼고 있는 이웃 호텔 호이HOY에 슬그머니 들어가 발리 스타일의 숍에서 유기농 손 비누를 골라볼 수도 있겠다.

무엇보다 멀지 않은 곳에 호텔 아무르가 운영하는 두 번째 호텔, 그랑 아무르Hotel Grand Amour가 있다는 사실도 잊지 말기를! 과연 '사랑'과 '거대한 사랑' 어느 쪽이 더 진심에 가까울까?

www.hotelamourparis.fr
8 Rue de Navarin
75009 Paris, France

북역의 밤

Hôtel Les Deux Gares

호텔 레 되 가르
파리

취향으로만 호텔을 고르지 못할 때도 있다. 빠듯한 비행기 환승 시간 때문에 공항 근처에서 하룻밤을 묵어야 한다거나, 다음 날 새벽 기차에 오르기 위해 역 앞의 허름한 호텔에서 밤을 보내야 할 경우가 그렇다. 매끄러운 여정을 위해 끼워 넣어야 하는 소모적인 하룻밤. 파리 북역은 이런 이유로 머물게 된 투숙객들을 위한 크고 작은 호텔들이 가장 많이 밀집된 지역이다. 런던에서 유로스타를 타고 건너오는 대륙의 관문이 북역이고, 안트베르펜이나 암스테르담을 출발한 기차도 이곳에 정차한다. 역 근처에선 익숙함 속에서도 어떤 이방인의 정서가 교차한다.

브뤼셀에서 파리 북역에 도착한 날, 마침 비까지 퍼붓는 바람에 우버를 호출했는데 4분 후 도착이라던 택시는 감감무소식이다. 전화를 걸어보니 픽업 위치를 잘못 알고 있었다. 역 주변이 유난히 넓고 복잡한 탓에 몇 번이나 통화를 한 끝에야 겨우 만날 수 있었다. 트렁크와 옷은 이미 무참히 젖어버린 뒤였다.

"미안해요. 여긴 유럽에서 제일 복잡하고 분주한 곳이에요. 올림픽을 앞두고 공사까지 하는 바람에 매번 손님을 태우는 일이 이렇게나 고역이네요."

일주일 뒤 코펜하겐행 비행기의 출발이 이른 아침이어서

다시 북역을 찾았다. 다음 날 새벽에 샤를드골 공항으로 가는 가장 빠른 RER B 열차 노선을 타려면 근처에서 잠을 자야 했다. 아무리 역 앞이라지만 "하룻밤이라 참는다"고 할 정도로 허름하고 불쾌한 곳은 피하고 싶었다. 북역 주변은 특히 위험하다고 알려져 있다. 하지만 거리를 거칠게 휘젓고 다니는 부랑자들이 실제로 위협을 가한 적은 없었다.

우여곡절 끝에 찾아낸 나의 북역 호텔은 레 되 가르. 역 근처의 어수선한 거리를 거쳐야 하지만, 일단 호텔 문을 열고 들어가면 아늑하다. 열쇠가 줄줄이 걸려 있는 리셉션에서 나를 맞아준 나이 지긋한 주인은 친절하고, 파란 벨벳 의자와 레오파드 소파, 데이비드 호크니의 작은 복제 그림들이 걸린 초록색 라운지는 시골 할머니 집의 거실 같은 풍경이다.

체크인까지 시간이 조금 남아 소파에 앉아 있는데, 옆 테이블로 유쾌한 표정의 할아버지 몇 분이 모여든다. 한여름에도 흐리기만 한 영국 날씨를 불평하며, 각자 살고 있는 캔터베리와 바스의 근황을 전한다. 그 순간 테이블 주변은 영국 노인들의 아지트로 변했다. 무슨 이유에선지 정기적으로 파리에 들르는 이 할아버지들은 호텔의 오랜 단골인 듯했다. 런던행 유로스타 탑승 시간을 공유하고, 어젯밤 바에서 마신 부르고뉴 와인 맛을 자랑하는 사이 이번엔 영국 할머니까지 가세

했다. 그들의 수다와 호탕한 웃음소리를 뒤로하고 방으로 올라갔다.

6층 꼭대기 다락방, 딱 혼자 지낼 수 있는 크기다. 민트색 벽에 스트라이프 헤드보드와 작은 램프의 명랑함이 비좁음을 견딜 수 있게 한다. 하룻밤에 18만 원. 싸다고 할 수 없지만, 이곳은 파리다. 무언가 특별한 것을 기대할 수 없는 가격이다. 그럼에도 호텔은 제법 구색을 갖췄다. 비품 하나하나에 기대하지 않았던 것들이 튀어나온다. 편안한 슬리퍼, 질 좋은 목욕 가운, 리넨 주머니에 곱게 담긴 헤어 드라이어…. 게다가 수건걸이에는 따끈한 열선이 들어온다. 어메니티는 딥티크! 지하에는 작은 사우나와 꽃무늬 패턴이 인상적인 짐^{gym}도 있으니, 이쯤 되면 경유 목적의 하룻밤도 꽤 괜찮을 수 있다.

다락방의 창은 아주 작지만 창밖으로 파리 북역의 수십 개 철로가 펼쳐진다. 역에서 희미하게 들려오는 안내 방송은 나도 곧 떠날 사람이라는 걸 잊지 않게 한다.

밤 10시가 넘어야 어두워지는 파리의 여름은 밤의 시간마저 윤택하다. 조금 멀리까지 산책을 가거나 멋진 저녁을 즐길 수 있는 서너 시간의 여유. 북역 안의 파이브 가이스에서 햄버거로 저녁 식사를 때우고, 뷔트 쇼몽 공원 쪽으로 걷기 시

작했다.

높고 낮은 언덕이 부드럽게 이어지는 뷔트 쇼몽은 마치 우리나라의 국립공원 같은 느낌이다. 인공적인 프랑스식 정원과 달리 뾰족한 바위산과 쭉쭉 뻗은 나무들, 귀스타브 에펠이 설계한 아찔한 구름다리까지 어딘가 야생적인 풍경을 보여준다. 구릉을 오르내리며 힘차게 걷다 보면, 광대한 초록이 펼쳐졌다가 숨어들기를 반복하는 리듬에 몸을 절로 맡기게 된다.

공원이 개장한 1867년부터 그 자리에 있었던 떡갈나무와 무성한 전나무, 은행나무들이 만들어준 넓은 그늘은 누구라도 잠시 드러누워 쉬어 갈 수 있는 자리다. 그 속에서 책을 읽거나 홀로 풀밭 위의 식사를 즐기거나 자기보다 덩치 큰 개와 놀아주는 사람들. 파리의 여름이 내게 선사하는 마지막 장면으로 손색이 없다.

https://hoteldeuxgares.com
2 Rue des Deux Gares
75010 Paris, France

교도소의 기억

Hotel Wilmina

호텔 빌미나
베를린

베를린이라서 가능한 일이 있다. 예컨대 오래된 교도소를 호텔로 만드는 것. 바로 베를린 칸트슈트라세에 호텔 빌미나가 실현시킨 일이다. 120년 전에 범죄재판소와 여성 교도소로 쓰였다가 한동안 버려진 건물을 가장 모험적인 호텔로 재탄생시켰다. 나치 시대에는 정치범들과 레지스탕스들이 신념을 포기하지 않는다는 이유로 이곳에 몸이 묶이기도 했다.

리노베이션은 베를린의 건축회사 그륀투흐 에른스트 아키텍처 Grüntuch Ernst Architects가 맡았는데 건물을 처음 본 순간을 이렇게 회상한다.

"벽은 너무 두껍고 창은 너무 높은 곳에 있었어요. 거대한 면적이지만 활용도는 떨어지는 건물이었죠. 그렇지만 오랫동안 방치된 이 역사적인 건물이 보내는 울림은 무시할 수 없었어요. 계속해서 마음을 두드려왔거든요."

도발적인 모험에 착수한 이들이 고려한 미션은 의외로 명료했다.

"가벼움과 개방감, 부드러운 질감을 만들어내는 동시에 과거의 흔적을 통합하는 것, 이 두 가지가 우리의 가장 큰 임무였어요."

범죄재판소였던 건물 1층의 리셉션에서 두 번째 체크인을 한다. 지난겨울에 이어 두 번째 방문이다. 공기만 들썩이게 하는 들릴 듯 말 듯한 음악, 그 볼륨의 밀도가 신선하다. 방까지 안내해주겠다는 직원과 함께 뒤편의 객실이 있는 건물까지 나 있는 긴 진입로를 걷는다. 높은 담벼락 아래에 삭막하고 거친 질감의 철문은 몸으로 힘껏 밀어야 할 만큼 육중하다. 간신히 문이 열리면 와일드한 안뜰의 풍경이 무드를 한껏 뒤바꾼다. 오래도록 방치된 땅이 길러낸 여름의 식물들과 야생화, 단단한 나무들 사이로 두터운 벽돌의 색채가 새어 나온다. 고립되었던 반사회적인 공간이 비밀스럽고 사적인 은신처로 변모하는 풍경이랄까. 풍요로운 장면들을 기대하게 되는 리드미컬한 산책로…. 하지만 그 옛날엔 수인이 된 여성들이 무거운 걸음으로 세상과 멀어졌을 길이다.

객실이 늘어선 복도와 빛바랜 난간은 교도소의 구조를 그대로 드러내는데 수감자들의 면면을 전방위로 감시했을 절묘한 퍼스펙티브다. 객실 문도 예전 감방의 것을 그대로 쓰고 있어서 '장소의 감정' 같은 것이 고스란히 전해진다. 수십 개의 세라믹 펜던트 램프들이 계단 사이로 떨어뜨리는 둥그스름한 빛이 그나마 따스한 기운을 감돌게 한다. 객실로 들어서자 외부의 육중한 느낌과는 다른 화이트 주조의 산뜻함이 감싼다. 물푸레나무로 만든 가구들과 정원의 식물들을 말려 걸어둔 인테리어는 단조롭게 느껴지기도 하는데, 감옥이라는

강렬한 외부 인상을 고려한 적절한 매칭으로 여겨진다.

커다란 창에도 불구하고 정원의 담쟁이 식물들이 거칠게 뒤덮여 어둑함을 자아내는 111호. 침대맡에 달린 작은 창문의 쇠창살은 옛 감옥의 완연한 흔적이다. 두 손바닥 정도의 창살 틈으로도 세상의 모든 것이 펼쳐질 수 있다는 듯 얇은 햇살이 쏟아져 들어온다. 칸트슈트라세의 혼성적이고 쾌활한 분위기에서 고독의 세계로 잠입한 기분이 든다.

테이블 위에 건물의 히스토리와 호텔로 개조하는 과정을 담은 책이 있어서 슬쩍 넘겨보니, 건물이 방치돼 있었을 때, 영화 〈더 리더〉를 촬영했다고 적혀 있다. 케이트 윈슬렛이 연기한 한나는 나치에 부역했다는 죄명으로 수십 년 동안 수감 생활을 하게 된다. 호텔에 들어올 때 영화 속 몇몇 장면과 감정이 절로 떠올랐는데 촬영 현장이 바로 여기였다는 뒷얘기를 알고 나니 더욱 절묘하게 느껴진다.

최근 여러 호텔들에서 보이는 새로운 경향이 있다. 이를테면 객실의 미니바를 없애고 라운지에 공용 바를 두어 투숙객들이 자유롭게 커피나 차, 과일 등을 이용할 수 있게 하는 것이다. 호텔로서도 관리가 쉽고, 손님들의 입장에서도 라운지 주변으로 자연스럽게 모여들어 서로 가벼운 대화를 나눌 수

있어 즐겁다.

또 하나는 호텔마다 크고 작은 라이브러리를 갖추고 있다는 것인데, 빌미나는 레스토랑 한쪽 벽에 그들만의 셀렉션 북을 채워 두었다. 칸디다 회퍼의 30여 년 작업을 망라한 『Candida Höfer: Editions 1987~2020』, 베를린에 거주하는 개성 있는 여인들의 초상을 담은 『Die Berlinerin』, 케이트 블란쳇과 오노 요코, 미우치아 프라다를 인터뷰한 모음집 『Portrait of an artist』 같은 책들은 조식을 먹으며 설렁설렁 넘겨보기에 좋았다. 결국 라이브러리를 통해 호텔은 자신들의 아이덴티티와 지향점을 더욱 공고히 하며, 투숙객들의 지적 발견을 섬세하게 거들어준다. 호텔의 북 셀렉션은 최근의 디자인 신과 아트의 흐름, 시대정신을 응축한 이미지나 촌철살인의 한 문장을 발견할 수도 있다는 점에서 눈여겨볼 만하다.

5층으로 올라가 루프탑 풀로 나가보았다. 한낮의 햇볕에 몸을 맡기고 싶었다. 이미 몇 명의 투숙객이 자기만의 자리를 점유한 채 '해를 온몸으로 받아내는' 순수한 행위에 몰입하고 있었다. 샤를로텐부르크 지역의 붉고 뾰족한 지붕들이 중첩되어 눈에 들어왔다. 높은 곳에 섰을 때 내려다보이는 풍경은 문득 내가 살던 세상이 아닌 듯 느껴지고 어떤 대가를 치른 후의 보상처럼 다가오기도 한다.

투숙객으로서 호텔의 일부가 되어야만 허용되는 풍경이 있다. 어느 정도의 배타성은 호텔이 갖는 불가피한 속성이기도 하다. 이곳에 머물지 않으면 결코 상상할 수 없는 것들의 펼쳐짐. 여행자는 여행지의 삶을 속속들이 볼 수 없는 한계에도 불구하고, 현지인이 보지 못하는 걸 오히려 볼 수도 있다. 삶과 여행이 교차되며 새로운 지평이 열리는 지점이다. 대부분의 현지인은 호텔을 깊숙이 들여다보지 않으므로.

물이 가득한 풀에 스르르 미끄러져 들어가니 내 몸의 질량만큼, 물은 폭포처럼 바깥으로 넘쳐흐른다. 차가움과 알싸함 그리고 하늘과 수평을 이룬 내 몸의 정갈한 감각이 여름날의 오후를 추억으로 만들어가는 듯했다.

https://wilmina.com
Kantstrasse 79
10627 Berlin, Germany

호퍼의 시선

Linnen

린넨
베를린

난생처음 낭독회라는 걸 했다. 나의 첫 책『독일 미감』은 수년간 독일의 여러 도시들을 여행하고 기록한 에세이다. 독일이란 나라에 자생적으로 생긴 나의 애정과 그걸 기반으로 독일 구석구석을 돋보기로 들여다보듯 관찰하고 경험한 사적인 이야기를 담았다.

할 수만 있다면 언젠가 독일에서 이 책에 대한 이야기를 나누고 싶었는데 2023년 여름 여행 끝의 베를린에서 기회가 주어졌다. 친구 샛별이가 그녀의 집에서 작은 모임 자리를 마련해준 것. 주로 베를린에 거주하는 이들로, 내 책에 대해 궁금해하는 분들이 참석했다. 외국에 살고 있어서 쉽사리 책을 손에 넣지 못한 잠재적 독자들이었고, 낭독회라는 방식을 택한건 그 때문이다.

한지로 만든 수수한 램프가 천장에 매달려 둥글게 모여 앉은 우리를 감쌌다. 그 사이로 나의 목소리가 조금은 떨리는 음이 되어 흩어졌다. 내가 쓴 문장을 나의 목소리로 읽는 것. 머쓱했지만 문장의 연결이 어느덧 이야기로 전개되었다. 글의 여운이 한 사람 한 사람에게 가닿아 각자의 짧은 단상으로 되돌아오기도 했다. 여름밤의 선선한 공기를 기분 좋게 느끼며 수줍게 혹은 진지하게 저마다의 독일 이야기가 오갔다.

그렇게 잊을 수 없는 밤의 시간을 보내고 호텔로 돌아와 쓰러지듯 잠들었다. 갈증에 잠이 깨어 침대에 앉아 새벽의 적막 한가운데 머물자니 몇 시간 전의 일이 신기루처럼 느껴진다. 프렌츨라우어 베르크에 위치한 '린넨'이라는 호텔이었다. 과거 동독 지역이었던 프렌츨라우어 베르크는 트렌디한 숍과 카페가 생기면서 베를린의 가장 힙한 주거 지역이 되었다.

베를린 태생의 안토니오와 보도라는 남자 둘이 운영하는 이 호텔은 여섯 개의 객실과 세 가지 타입의 아파트를 포함하고 있다. 오랫동안 별러 왔지만 여러 가지 이유로 뒤늦게 숙박하게 되는 곳이 있는데, 바로 이 호텔이다. 린넨은 길가에 위치하고 있어서 입구로 훌쩍 들어가 체크인을 하면 된다. 정중앙의 둥근 계단을 따라 올라가는 동선이 전형적인 독일 집에 온 듯하다.

안토니오는 호텔의 모토가 'more home less hotel'이라고 말한다.

"디자인을 좋아하기는 하지만 디자인에만 치중하는 홀릭은 아니에요. 갤러리 같기보다는 전복적인 일들이 벌어지는 스튜디오처럼 느껴졌으면 좋겠어요."

2층에 올라가면 구불구불한 복도를 따라 방들이 배치되어 있다. 눈에 띄는 건 벽체만 한 유리장 안에 가득 쌓인 새하

얀 타월들. 호텔 비품을 보관하는 용도임이 분명하지만, 내 눈엔 멋진 설치 작품 같다. 흰 사각 비누가 그 자체로 시각적인 진실을 말해주듯, 차곡차곡 쌓여 있는 하얀 수건들도 하나의 오브제로 변모하는 것이다.

다른 방들은 어떻게 생겼을까? 살짝 궁금해서 안토니오에게 비어 있는 방을 보여줄 수 있느냐고 물었다. 그가 흔쾌히 앞장선다. 복도 끝의 1번 방에는 침대 모서리에 네 개의 기둥이 달려 캐노피 덮개와 이어져 있다. 조금 높은 좌대 위에 침대가 올라가 있어 기둥 달린 침대가 방의 주인인 듯 의기양양해 보인다. 가장 작은 방이라는 3번 룸은 정말이지 방 안에 코끼리를 욱여넣은 듯 침대 하나가 간신히 들어간 형국이다. 침대 헤드 쪽 벽에 낡은 목재 판을 붙여 놓아서 농가의 비좁은 오두막에 들어온 기분이다. 그런데 하룻밤에 110유로라니, 솔깃해지는 가격이다.

내가 묵은 곳은 2번 방이다. 핑크색 옷장, 퀸 사이즈 침대와 책상, 낡은 벨벳 소파 그리고 발코니가 있다. 벽에 딸린 또 하나의 문을 열어보니, 앞의 침실만 한 침실이 하나 더 있다. 방 속의 또 다른 방, 네 명까지 묵을 수 있는 룸이었다. 안쪽의 욕실 면적까지 고려하면 꽤 여유로운 방이다. 완벽하게 세팅되었다는 느낌보다는 구색이 제법 잘 갖춰진 에어비앤비에

들어와 있는 기분이 들기도 했다.

　발코니로 나가보았다. 에버스발더슈트라세, 프렌츨라우어 베르크 초입의 부산스러운 일상이 펼쳐지는 거리가 한눈에 들어온다. 이렇게 활기찬 거리 뷰가 전면에 펼쳐지는 호텔 방은 의외로 드물다. 대개의 객실은 조용한 걸 선호하므로 중정이나 건물 후면으로 창을 내는 것이 일반적이기 때문이다. 노란색 트램이 쉼 없이 오가고, 베를리너들의 자전거 행렬이 내안의 속도감을 잔뜩 부추긴다. 맞은편 집들의 창을 통해 타인의 일상적인 움직임이 보였다가 사라지기를 반복한다. 숨가쁜 출근 준비의 한 장면인지, 간단한 식사를 차려내는 것인지 잠깐씩 스치는 동작으로는 알 수가 없다.

　자연스럽게 에드워드 호퍼가 떠오른다. 마크 스트랜드는 『빈방의 빛』에서 호퍼의 그림 〈케이프 코트의 아침〉을 보며 이런 말을 했다.

　"호퍼의 그림에서는 언제나 그림 너머에 있는 것이 그림 안에 있는 것들에게 영향을 미치는 것 같다. 이것은 어쩌면 한계에 관한 것일지도 모른다. 여행자가 경험하는 것과 비슷한 한계 말이다."

　한계라는 말이 너무나 결정적이다. 평범한 하루 속으로 전

진하는 그들과 아직은 분주함에 휩쓸리지 않은 나의 아침이 평행하게 마주한다. 호텔에 머물 때면 가끔씩 소속 없이 사는 내 인생이 더욱 실감 나는 순간이 있는데 바로 이런 때다.

점심 약속까지 아직 시간이 좀 남았다. 바로 옆 건물에 있는 매거진 전문 숍 로자 울프^Rosa Wolf에 들러 가장 베를린스러운 잡지 『Sleek』과 『032c』나 들춰봐야겠다.

www.linnenberlin.com
Eberswalder Straße 35
10437 Berlin, Germany

브랜딩의 한 방법으로서의
호텔

Audo House

아우도 하우스
코펜하겐

코펜하겐이 섬이라는 사실을 실감한 건 소리 지르며 날아다니는 갈매기들을 창밖으로 목격한 순간이다. 노르하운Nordhavn, 코펜하겐의 북쪽 항구로 과거 항만 산업이 활발했던 이곳은 지금 신흥 주거 단지로 개발돼 친환경 아파트와 상업 시설로 활기를 되찾았다.

노르하운 역을 빠져나오자 주변과 사뭇 다른 적벽돌 색의 오래된 건물이 눈에 띈다. 1918년에 지어져 철 제조 회사로 쓰였던 건물은 백여 년이 지나 덴마크 리빙 브랜드 '아우도 코펜하겐Audo Copenhagen'의 멀티 플랫폼 공간으로 탈바꿈했다. 1978년부터 스칸디나비아 디자인을 선도해온 브랜드 메누Menu와 바이 라센By Lassen이 결합해 새롭게 탄생한 이름이 바로 아우도 코펜하겐이다. 오래된 건물에 현대적인 노르딕 감성과 여러 기능을 더하는 리노베이션은 덴마크의 건축·디자인 스튜디오 놈 아키텍츠Norm Architects가 맡았는데, 정제된 디자인과 실용성이라는 북유럽의 규범을 따르면서도 자연적 소재의 따스함을 추구해온 그들의 의지가 이곳에도 반영되었다. 아우도 코펜하겐의 콘셉트 스토어와 서점, 카페, 레스토랑으로 이뤄진 개방적인 1층, 아늑한 열 개의 객실을 품은 2층의 '아우도 하우스'가 한 지붕 아래 펼쳐진다.

이른 아침 커피를 마시러 오는 노르하운의 주민들과 노트

북을 펼치고 업무에 여념이 없는 원격 근무자들, 숍에서 소파 패브릭을 고르고 있는 중년의 여성들이 이곳에선 이질감 없이 어우러진다. 아우도 코펜하겐의 디렉터 요아힘 코른벡 엥겔-한센Joachim Kornbek Engell-Hansen은 이렇게 전한다.

"북유럽 문화의 기저에는 따뜻함과 재치가 깔려 있어요. 이곳에 들어서는 순간 아우도만의 컬러와 재질, 형태를 반영한 공간에서 환영받는 느낌을 받게 돼요. 저희는 무엇보다 여기 머무는 모든 사람들이 스스로 창의적인 커뮤니티의 일부라는 걸 느끼게 하고 싶어요."

아우도의 카테고리에는 콜린 킹, 다니엘 시거루드, 놈 아키텍츠의 손을 거친 컨템퍼러리 디자인 제품부터 입 코포드 라르센, 플레밍 라센, 빌헬름 로리첸 같은 모더니즘 디자이너들의 1930~1940년대 스칸디나비안 가구들까지 다채롭다. 모두 형태와 컬러를 풍부하게 드러내면서도 따스한 질감으로 귀결되는 덴마크 디자인의 DNA를 따르고 있다.

1층 쇼룸은 공간을 여러 개의 방처럼 분할해놓아 다양한 톤이 어우러지는 가구와 오브제들이 서로를 강조한다. 콜린 킹의 우아한 황동 촛대와 라바 스톤으로 만든 북엔드처럼 조형적인 아이템들이 1936년 디자인의 라디우스 소파와 어우러지고, 이탈리아 작가 마누엘라 귀다리니Manuela Guidarini의 기

하학적 회화, 파니 뷜룬드$^{Fanny Bylund}$의 비정형 세라믹이 느릿한 리듬을 만들어낸다. 인테리어가 목적이 아니라면, 코펜하겐을 감각적으로 소개한 책을 뒤적이거나 오거닉 홈웨어, 바디로션 같은 가벼운 아이템들을 경험해봐도 좋을 듯하다.

엘리베이터의 정적과 함께 오른 2층의 3호실, 호텔에서 가장 넓은 방이다. 예각으로 뾰족하게 올린 높은 층고, 백 년 전부터 구조를 받치고 있던 나무 기둥과 들보, 목재 바닥과 베이지 톤의 벽이 감싸는 공간.

짐을 내던지고 입 코포드 라르센이 디자인한 엘리자베스 체어에 털썩 앉았다. 1958년에 덴마크 왕실을 방문했던 엘리자베스 여왕과 필립 공이 두 피스를 구입해 엘리자베스라는 로열 네임을 얻은 바로 그 영광스러운 의자다. 디자이너 플레밍 라센이 자신이 디자인한 가구 중 유독 사랑했다는 마이 오운 체어$^{My Own Chair}$는 사람만 한 곰인형처럼 침대보다 더 포근하게 나를 안아준다. 저 의자들이 그다지 육중해 보이지 않는다는 건, 이 방이 압도적으로 크다는 뜻일 터. 이 넓은 방 안의 가구들은 모두 아우도 코펜하겐의 제품들이다. 그러니까 아우도 하우스는 스토어의 연장선인 동시에 제품들을 물리적으로 경험해볼 수 있는 쇼룸형 호텔인 것이다.

코펜하겐에서는 일주일을 보냈다. 시내를 벗어나 건축가 아르네 야콥센이 설계한 뢰도우레^Rødovre 도서관과 건축가 핀 율이 살았던 그림 같은 집에도 다녀왔고, 핫하다는 레스토랑 아틀리에 셉템버^Atelier September의 브런치를 맛보기 위해 긴 줄을 서서 기다리기도 했다. 비 오는 날 숨어든 글립토테크 미술관^Ny Carlsberg Glyptotek에서는 북유럽 조각의 신화적인 면모를 생경한 시선으로 마주하기도 했다. 그 와중에 원고 마감으로 꼼짝없이 갇혀 글만 쓴 날도 있었다. 이 모든 시간들에 애틋한 나의 널따란 호텔 방이 있었다. 흠 없는 아름다움으로 팽팽했던 이 방과도 차츰 느슨하게 친밀해지는 듯했고, 가구들과도 유기적인 사이가 되어갔다. 놈 아키텍츠가 디자인한 하버 다이닝 체어는 내가 업무를 볼 때 곧잘 취하는 특이한 앉은 자세를 안정적으로 받쳐주었고, 침대 옆의 윙 플로어 램프는 마음에 꼭 들어서 판매 가격을 알아볼 정도였으니, 아우도는 절반쯤 성공했다고 볼 수 있지 않을까.

아우도의 경우처럼 최근 여러 브랜드와 스튜디오들이 호스피탤러티를 통한 마케팅에 공을 들이고 있다. 덴마크 리빙 브랜드 빕^Vipp 역시 사옥의 꼭대기 층에 그들의 가구와 키친 시스템을 갖춘 빕 로프트^Vipp Loft라는 공간을 마련해 투숙객을 끌어들인다. 매력적인 공간에서 브랜드와 친밀해진 투숙객은 잠재적인 고객이 될 가능성이 높아질 테니 시대에 걸맞은 영리한 발상이다. 브랜드가 마련한 공간에서 머물며 소파에 기대어 책을 보고, 침대의 쿠션감을 경험하며, 샤워할 때 그 브랜드의 바디워시를 바른다. 물리적으로 브랜드와 맞닿는 순간이다. 디자인 콘셉트와 물리적인 감각이 일치할 때, 호스피탤러티 마케팅은 성공 이상의 의미를 가질 수 있다.

다만 브랜딩을 목적으로 하는 호텔을 선택할 때, 기본적으로 제공되는 서비스의 범위와 퀄리티를 따져봐야 한다. 명상이나 요가를 할 수 있는 웰니스 시설이나 세탁 서비스 같은 것은 차치하더라도 기본적인 조식 제공이나 투숙객만을 위한 전담 직원이 없다는 건 그만큼 불편을 감수해야 한다는 뜻이다. 아우도의 경우 일요일 저녁엔 카페 영업 종료와 함께 메인 출입구를 닫아버려서 어수선한 뒷문으로 전용 코드를 누르고 드나들어야 했다. 누군가의 보살핌 속에 머무는 것이 아니라 호텔에 덩그러니 남겨졌다는 기분이 그리 유쾌하진 않았다. 손님을 위해 보이지 않게 쉼 없이 움직이는 직원들의 노동과 톱니바퀴처럼 딱딱 맞아 돌아가는 시스템. 그 면밀함의 A to Z를 생각하면 호텔 운영은 결코 만만한 일이 아니다.

https://audocph.com/pages/
audo-house
Århusgade 130, 2150 Nordhavn
Copenhagen, Denmark

베른트 슐라허의 소우주

Hotel Motto

호텔 모토
빈

빈, 23년 만에 다시 왔다. 처음 왔을 때 빈에서 어떤 시간을 보냈는지는 잘 기억나지 않는다. 오페라하우스의 가장 꼭대기 층에서 로시니의 〈세비야의 이발사〉를 관람했다는 것 말고는. 빈을 향한 끌림을 늘 갖고 살았지만 선뜻 발길이 안 닿던 미묘한 도시….

2023년 여름의 긴 유럽 여행 도중에 미뤄왔던 여정을 감행했다. 빈은 역사의 퇴적이 두터운 도시다. 7백여 년간 합스부르크 왕가가 쌓은 영광의 층위, 가깝게는 '세기말 빈'이라 불린 19세기의 끝자락이 만들어낸 전위적인 예술 문화 사조와 그 결정체들이 도시를 촘촘히 수놓고 있다. 한마디로 광대한 문화 도시다.

이곳에 머물기 위해서는 호텔을 정해야만 했다. 빈에는 유서 깊은 브리스톨이나 임페리얼 같은 테레지안 스타일•의 호텔들도 눈에 띄지만, 최근에 문을 연 디자인 호텔도 여럿 있다. 이 호텔들이 펼쳐 보이는 새로운 서사도 궁금했다. 그중에 발견한 곳이 호텔 모토다. 빈의 최대 쇼핑 지역인 마리아힐퍼Mariahilfer 거리에 위치해 입지는 일단 최적이다. 17세기에 지어진 건물에 요한 슈트라우스 가족이 거주했는가 하면, 한때는 쿠머라는 이름의 호텔이 운영되기도 했다. 레스토랑 경영인으로 유명한 베른트 슐라허Bernd Schlacher가 건물을 매입해

• 18세기 오스트리아의 여제 마리아 테레지아 시대에 유행한 로코코 스타일.

건축가 아르칸 자이티노글루Arkan Zeytinoglu와 함께 2021년에 호텔로 탄생시켰다.

넓은 로비에는 파리의 리츠 호텔에 달려 있었다는 거대한 샹들리에와 붉은 소파가 우아하게 자리 잡고 있다. 엘리베이터는 시침으로 층수를 알려준다. 7층에서 로비까지 반원을 그리며 내려오는 바늘의 움직임이 고풍스럽다.

5층의 시크 룸, 카드키를 터치하고 덜컥 문이 열리는 소리를 들으면 잠시 흥분된다. 분홍색 벨벳 소파와 두 개의 동그란 스툴, 역시 핑크 톤의 갓이 달린 플로어 램프 옆에는 아르데코 스타일의 거울이 반짝인다. 이 빈티지 거울 속에 삼성 TV가 재치 있게 숨어 있다. 푸른색의 꽃무늬 패턴 패브릭이 침대의 헤드보드와 방 한쪽 벽면을 덮고 있는 걸 보니 의외의 장소에서 로맨틱한 무드를 만난 기분이다. 베른트 슐라허는 호텔에 파리의 무드를 실었다고 고백했다.

"파리에 대한 애정은 저의 온 생을 이루는 전통과도 같아요. 1920년대 파리와 빈은 생활양식과 디자인 측면에서 비슷한 점이 많았죠. 그래서 두 세계의 요소를 호텔 모토에 구현해보고 싶었어요."

테이블 위에 놓인 접시에는 이 호텔에서 운영하는 베이커리 모토 브롯에서 만든 달콤한 아몬드 크루아상이 웰컴 푸드

로 담겨 있다. 욕실의 구조도 독특하다. 최근의 호텔 인테리어에서 자주 보듯이, 샤워부스와 화장실을 분리한 건 물론이고 커다란 원형 거울과 나무로 짜 넣은 세면대가 하나의 가구처럼 아예 베드룸의 영역에 배치되었다. 게다가 침대와 세면대 사이의 커튼을 치면 침실과 욕실이 은근슬쩍 분리되는 가변적인 구조다.

창을 열고 나간 발코니는 겨우 내 몸 하나가 설 수 있을 정도로 좁은데, 눈앞에서 펼쳐지는 빈의 도시 풍경이 마치 19세기의 모습 같다. 오래된 도시의 면면이 넓고 광활하게 수평을 그리고 있어서 '빈이란 도시가 이렇게 생겼구나' 하는 실감이 난다. 호텔이 갖는 프라이빗한 특성이 발휘되는 때는 바로 이런 순간이다. 나의 '임시 거처'라는 장소성이 아니었다면 목격하지 못했을 광경은, 교회 첨탑이나 도심 전망대 같은 공적인 공간에서 바라보는 것과는 또 다른 영역이니 말이다.

아침은 뷰가 멋진 호텔 레스토랑 셰 베르나르Chez Bernard에서 제공하는데, 빈의 남자들이 특별히 신사적인 건지 "드레스가 너무 멋지군요"라며 아침 인사를 건넨다. 호텔에서 지내는 동안 내 나름의 아침 루틴이 있다면 한껏 단장하고서 조식을 먹으러 가는 것이다. 환한 미소로 나를 반기는 직원에게 당당하게 화답하기 위해서라도 제일 멋진 드레스와 어울리

는 메이크업을 한다. 예의이자 의무라고 여기는 탓도 있지만, 무슨 일이든 벌어질 수 있는 새로운 하루에 대한 기대를 품어 안으려는 의지이기도 하다.

습하지 않은 열기 속의 여름은 걷기에도, 트램을 타고 돌아 다니기에도 좋았다. 빈에서는 어쩐지 옛 그림들을 최대한 많이 보고 싶었다. 사흘 동안 매일같이 빈 미술사박물관으로 향했다. 하루는 이탈리아와 스페인의 그림들을, 그다음 날은 플랑드르와 독일을 포함한 북유럽의 그림들을 보았다. 뮤지엄 카페에서 끼니를 때우며 종일 방에서 방들을 옮겨 다녔다. 운동화 끈을 질끈 묶고 생수병 하나를 손에 쥔 채로 미술관에 입장하는 아침의 기분이란! 마치 무거운 숙제를 안은 미술사 전공자의 비장한 마음과도 같았다. 피터르 브뤼헐, 루벤스, 카라바조와 크라나흐까지. 신화가 아닌 실체로서 마주하려고 애쓴 시간들이 나의 두 번째 빈에 새겨졌다.

하루의 보람이 피로와 겹쳐 몰려오는 저녁에는 호텔 7층의 작은 짐gym으로 올라가 매트 위에서 스트레칭으로 몸을 이완했다. 필라테스 3년차라 근육들을 어떻게 보듬고 늘려주어야 하는지, 몸이 스스로 일러준다.

여행지에서는 무엇을 보고 경험할지도 중요한 문제지만

어떻게 휴식하느냐도 절실한 문제다. 여행의 수고를 보상받는 긴긴 밤의 시간, 따지고 보면 하루의 절반 이상을 보내는 곳이라면 호텔은 하나의 작은 세계가 될 수도 있지 않을까?

www.hotelmotto.at
Mariahilfer Straße 71A
(입구: Schadekgasse 20)
1060 Wien, Austria

헬로! 혹스턴

The Hoxton Brussels

더 혹스턴 브뤼셀
브뤼셀

브뤼셀은 내가 애틋하게 여기는 도시 중 하나다. 유럽의 주요 관광지에서 배제된 미지의 세계 같은 면도 내겐 매력적이다. 사람들이 브뤼셀에 대해 물을 때마다 난 이렇게 이야기한다. "파리랑 살짝 닮은 부분도 있지만, 파리가 화려한 마담이라면 브뤼셀은 말수가 적은 분위기 있는 중년 남자 같은 느낌이야."

브뤼셀은 특유의 어두운 톤이 지배하고, 거리마다 고유한 흐름이 있다. 플랑드르라 불리던 시절에 좁게 쌓아 올린 끝이 뾰족한 벽돌 건물들 사이로 신고전주의 양식으로 지은 은행과 관청의 거뭇거뭇한 회벽이 도드라지고, 경사진 골목길의 소박함 너머로 장중한 미술관이 갑자기 나타나는 변주를 보여주는 식이다.

혹스턴 호텔은 2006년 런던 쇼디치에 문을 연 이후 파리, 암스테르담, 로스앤젤레스와 포틀랜드, 베를린까지 진출한 디자인 호텔 체인이다. 과거의 에이스 호텔이 그랬듯이 각 도시의 로컬리티를 반영해 호텔마다 디자인을 다르게 선보이는데, 숙박비도 지점마다 차이가 크다. 런던 내에서도 혹스턴 셰퍼즈 부시Shepherd's Bush는 가장 작은 객실을 기준으로 20만 원 초반대인 반면, 혹스턴 홀본Holborn의 경우는 40만 원 중반대로 책정되어 있다.

최근의 떠오르는 체인형 호텔이 궁금해서 혹스턴 브뤼셀을 예약했다. 브뤼셀 북역에서 가깝고 과거 IBM의 유럽 본부로 쓰였던 빅토리아 타워에 위치해서 마치 오피스로 진입하는 기분이 든다.

혹스턴이 추구하는 힙한 감성이 이런 걸까? 민트색 벽에 팝아트풍의 그림들이 걸려 있고, 스트라이프 벨벳 소파에 거대한 열대 식물들이 마구 어우러진 공간은 1970년대 로스앤젤레스의 과시적인 로비 라운지를 떠올리게 한다. 그래픽 러그와 아르데코 스타일의 천장 조명이 시각적인 충돌을 일으킬 정도로 강렬한 풍경이다.

문을 연 지 3개월밖에 되지 않았지만 이미 원격 근무자들의 일터로도 소문이 자자하다. 로컬과 여행자의 접점을 만들어주는 것도 호텔의 좋은 역할이 될 수 있겠다. 여행자의 호기심과 지역 사람들의 창의적인 열망이 호텔을 더욱 에너제틱하게 만들어줄 테니까. 아직 2시인데 체크인이 가능하다고 한다. 게다가 방도 업그레이드를 해주겠단다. 혹스턴에 흐르는 유연함이 여행자를 기분 좋게 한다.

혹스턴은 코지[Cozy], 루미[Roomy], 비기[Biggy]로 룸 타입이 구분되는데, 디럭스나 슈페리어 같은 이름보다 훨씬 수평적이면서 천진하다. 1805호 비기룸, 이름처럼 가장 넓은 방이다. 기

다란 공간에 욕실, 침실, 리빙룸을 절묘하게 구획했다. 침실은 화이트로, 리빙룸 구역은 민트로 벽의 컬러에 변주를 주었고, 방 중간에 가로로 펼쳐진 호두나무 책상과 불투명 유리 조형물이 자연스럽게 파티션 역할을 한다. 종일 글을 써도 지겹지 않을 것 같은 방이다. 아주 가벼운 핑크색 카펫, 붉은 소파, 살구색 벽. 로비에서 느낀 강렬한 LA 무드가 슬며시 방으로도 연결된다.

비품들을 설명하는 방식도 꽤 감각적인데 드라이어를 넣어둔 에코백엔 'Full of hot air'라고 씌어 있고, 금고문에는 'Don't lose your stuff'라고 적어놨다. 유리창 밖으로는 공사가 한창인 고층 빌딩들이 눈에 띈다. EU 본부를 품게 된 브뤼셀의 활기 속으로 150년의 역사를 가진 식물원의 오아시스도 펼쳐진다. 낭만적인 유리 온실까지 갖춘 프랑스식 정원이 호텔의 앞마당인 셈이다. 내친김에 아래로 내려가 잠시 걷기 시작했다. 비가 올 듯 잔뜩 흐린 저녁이었지만 만개한 분홍 장미들이 터질 듯 탐스러웠다.

네 시간의 기차 여행과 가벼운 산책 탓인지 피로가 일찍 몰려왔다. 오늘따라 넓은 침대가 더욱더 내 것처럼 느껴진다. 잠에 관한 한 내 몸은 무척 관대한 편이라, 잠자리가 바뀌어도 잘 적응한다. 아마도 여행하는 삶이 만들어낸 무의식적인 적응력인 듯싶다.

그런데 그 무의식 중에도 발휘되는 '그대로 두기'의 습성이 있다. 내 친구의 표현에 따르면 "종이인형처럼 반듯하게 누웠다가 그대로 일어나"는 잠버릇에 더해, 베개와 침구의 세팅을 흐트러뜨리지 않고 호텔이 '만들어놓은' 그대로를 유지하려고 한다. 구김 없이 빳빳하고 새하얀 표면에 대한 애착 때문일까? 사람마다 호텔 사용법에 큰 차이를 보이는데, 어떤 사람은 물건을 최대한 늘어놓으며 방을 온전히 자신의 공간으로 점유하려고 한다. 반면 나는 방을 가능한 한 어지르지 않으려는 의지를 불태운다. 수트케이스를 방 한가운데 벌려 두는 걸 용납하지 못하며 작은 주얼리조차 침대 옆 서랍에 고이 숨겨둔다. 호텔에서는 왠지 명료함 속에 머물며 이를 수용하고 싶어진다. 미니멀리즘으로 대표되는 건축가 존 포슨 John Pawson의 표현처럼 말이다.

"편안함이란 눈, 마음 그리고 육체가 편안한 동시에 방해하거나 산만하게 만드는 어떠한 것도 없는 명료한 상태이다."

https://thehoxton.com/
brussels/
Square Victoria Régina 1
1210 Brussels, Belgium

수도원이 호텔이 될 때

August

아우구스트
안트베르펜

여행 중에도 멈춤의 순간이 발생한다. 계속되는 체력 소모와 긴장이 주는 피로감은 물론이고 예약을 확정했음에도 불구하고 틀어지는 스케줄이 생기게 마련이다. 예상치 못한 파업으로 기차가 멈추기라도 하면 발이 묶인 채 온전히 하루 이틀을 버리는 일도 생긴다. 이 모든 상황까지 감내해야 하는 것이 여행자의 몫이다.

어렵사리 벨기에의 안트베르펜에 도착했다. 십여 년 만에 다시 찾은 도시는 예전의 기억이 모조리 지워진 듯 생소했다. 절반은 날씨 때문이었으리라. 한여름인데도 바람이 차고 거칠었다. 해는 기약 없이 나타났다가 사라지기를 반복했다.

호텔 아우구스트에 체크인을 한다. 요즘은 리셉션에 아무도 없는 것이 콘셉트인가 보다. '아무도 없나?' 두리번거릴라치면 어느 틈에 직원이 벽 뒤에서 나와 응대를 하는 시스템은 이미 여러 곳에서 경험한 적이 있다. 최근의 디자인 호텔들에서는 '언제고 손님을 응대하겠습니다'라는 각 잡힌 태도로 항시 대기하는 서비스맨들을 좀처럼 보기 어렵다.

플랑드르 스타일의 벽돌 박공지붕이 인상적인 이 호텔은 과거의 수도원을 개조한 것으로 호텔 이름인 아우구스트도 아우구스트 수도원에서 가져왔다. 오늘날 본연의 의미를 잃고 텅 비어가는 유럽의 교회들은 이제 문화와 산업의 영역에서 새로운 쓰임을 부여받고 있다. 이곳은 호텔뿐만 아니라 주변 건물 대부분이 모두 비슷한 시기에 벽돌 주조로 지어진, 19세기의 군병원과 부속 건물들이 속한 그린 쿼터Green Quarter 구역이다. 아우구스트는 이미 안트베르펜에서 작지만 내실 있는 패밀리 호텔로 명성을 얻은 호텔 줄리앙Hotel Julien의 두 번째 호텔이다. 세심한 서비스 노하우와 확고한 디자인 콘셉트를 결합해 지난 2019년에 오픈했다.

수도원의 고유한 틀을 유지하면서도 안락한 호텔을 창조해내기 위한 리노베이션에 장장 4년이 소요되었다. 게다가 이 역사적인 지구地區에 호텔을 만들겠다는 계획을 성사시키기 위해 안트베르펜 시와 끈질긴 조율도 해야 했다. 개발이라기보다 거의 발굴에 가까운 과정이었다. 목격하지 않았어도 몇 줄의 사실만으로도 머릿속에 장면들이 그려졌다. 필시 옛 수도원의 흔적과 시설들을 세심하게 만져가며 살려야 할 것과 고쳐야 할 것을 분류하고, 전체적으로는 그 비범한 것들에 품위를 더해 일상적인 모습으로 탄생시켰을 것이다.

저 낡은 타일 바닥을 해부하듯 쪼개고 다듬어 다시 환생시키는 손길들. 나는 늘 궁금해진다. 이런 긴 시간과 인내, 공력을 포함한 모든 비용을 당연한 듯 감당할 수 있는 문화적, 정신적 자본은 대체 어디서 기인하는 걸까? 단 일주일 만에도 카페 하나를 뚝딱 만들어낼 수 있다고 자부하는 서울에서 나는 저런 차원의 노력을 늘 지지하고 동경하며 살아간다.

"빠르게 만들어내는 것 안에 고급은 존재하지 않습니다."

도쿄의 어느 셰프가 들려준 날카로운 단언 같은 것들 말이다.

44개의 객실과 레스토랑, 웰니스 공간 그리고 작고 아름다운 안뜰을 갖춘 아우구스트의 전체적인 인상은 럭셔리한 디테일을 전면에 드러내지 않는다는 것이다. 조형성이 강한 조각이나 압도적인 페인팅, 디자인이 화려한 가구들은 보이지 않는다. 과시하는 대신 건물의 견고함에서 느껴지는 안정감과 마치 그 자리에 늘 있었던 것 같은 자연스러움이 조화를 이루며 한껏 편안함을 제공한다. 벽돌과 오래된 나무 계단, 군더더기 없는 창문, 세이지 그린을 포인트로 한 화이트와 블랙의 명료함, 자연적인 재료들의 미묘한 질감도 제 몫을 다한다.

수도원 내 예배당이었던 자리에 만든 레스토랑이 이 호텔의 얼굴이라면 얼굴이다. 아치 구조의 천장과 원형 스테인드글라스가 절묘하게 어우러진 가운데 벽체의 높다란 창으로 햇살이 길게 뻗어 들어온다. 예배당을 지은 누군가가 성스러움으로 가득 채우려 했던 바로 그 장소일 것이다. 비어 있는 여러 개의 의자들 중에도 빛이 있는 쪽은 누군가 머물다 금방

떠난 듯 여운이 느껴지고, 그림자 안쪽의 자리는 누군가를 기다리고 있는 듯한 정적이 흐른다.

내가 묵은 객실은 커다란 침대와 정겨운 발코니, 반층 낮은 곳에 위치한 욕실이 재미있는 구조를 만들어내고 있다. 몸 컨디션이 썩 좋지 않아서 오늘의 나머지 시간 동안은 호텔에 머물기로 했다. 이른 저녁을 겸해 룸서비스로 시저 샐러드와 시트러스 에이드를 주문해놓았다. 이럴 땐 여행 중에 잠시 주어진 작은 공간을 서둘러 나만의 세계로 세팅하는 게 좋은데, 좋아하는 음악과 글귀가 그 리듬을 조율하는 데 도움을 준다. 내 컨디션과 어울리는 플레이 리스트, 침대맡의 책 두 권 등 나의 온기와 향으로 채워가다 보면 자극 없는 순백의 방이 금세 친숙한 공간으로 바뀐다. 나를 보살펴주는 공간이라는 느낌이 들기 때문이다. 페이퍼 코드 체어paper cord chair, 손으로 짠 카펫과 리투아니아 리넨 스프레드, 벽에 걸린 엽서만 한 유화 한 점…. 섬세하게 조율되었지만 결코 욕심을 부리지 않은 호텔 방은 그 옛날 수도자의 검박함이 아로새겨진 듯하다.

아우구스트의 스파를 이용하려면 예약은 필수고, 별도의 비용도 따른다. 한 타임 슬롯에 예약한 게스트만 입장이 가능하므로 스파 공간을 프라이빗하게 누릴 수 있다. 타인과 알

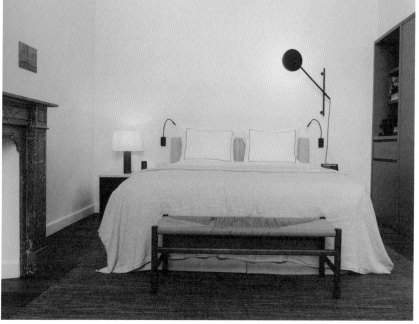

몸으로 마주치는 건 아무래도 멋쩍은 일일 테니 말이다. 나른한 60분간의 웰니스를 위해 예약한 시간에 맞춰 들어갔다. 뜨거운 사우나와 스팀이 45도까지 올라가는 하맘^{hamam}(건조욕 형태의 튀르키예식 목욕법), 지속적인 온기가 유지되는 히트 스톤까지 여유 있게 누리기엔 60분이 너무 짧았다. 일정한 간격으로 똑똑 떨어지는 얼음 알갱이들, 흑백의 리듬이 교차하는 추상 페인팅, 어둠 쪽으로 기운 절제된 조도…. 릴렉스를 위한 이 작은 공간에도 그렇게 치밀한 고안을 담았다.

초록이 유혹하는 바깥으로 나가면 담벼락 안쪽으로 기다란 연못이 나타나는데, 아우구스트만의 비밀스런 연못 풀이다. 이곳에서 수영을 할 순 있지만 유의해야 할 건 진짜 야생의 연못이라는 점이다. 창포와 물질경이 같은 수생식물들이 자라 있고, 수심은 그리 깊어 보이지 않았다. 하지만 물밑의 검은 식물들이 조금 무서워서 겨우 발만 살짝 담그는 걸로 만족했다. 무엇보다 연못의 수온이 너무 차가웠고 해는 이미 자취를 감춘 뒤였다. 아, 여름이 이렇게 뒤숭숭할 일인지, 독일에서부터 이상한 8월은 계속되고 있다.

www.august-antwerp.com
Jules Bordetstraat 5
2018 Antwerp, Belgium

베네치아도
이렇게 힙할 수가 있나요?

Il Palazzo Experimental

일 팔라초 익스페리멘탈
베네치아

베네치아는 그 어떤 환상적인 이야기도 기꺼이 품어줄 것만 같다. 뉴욕을 베이스로 살던 페기 구겐하임이 베네치아의 팔라초 베니에르 데이 레오니Venier dei Leoni에서 여생을 보내기로 결심한 건, 그곳이 참을 수 없이 꿈틀거리는 그녀 안의 로맨티시즘을 향유할 수 있는 유일한 곳이었기 때문일 게다.

넘실거리는 물살 앞에 서면 '살아 있다'는 감각이 더욱 생생해진다. 더위에 순응하듯 물길이 데려가는 곳을 걷기도 하고, 수상버스인 바포레토를 타고서 두둥실 떠가는 몸의 움직임을 즐기기도 한다. 오늘은 베네치아의 얼굴인 그란 카날이 아닌, 주데카 운하에 면한 도르소두로Dorsoduro 구역이 나의 목적지다. 관광객을 실은 곤돌라나 수상택시보다 베네치아의 진짜 일상을 체감할 수 있는 화물선이나 바포레토를 더 빈번하게 볼 수 있는 주데카는 모든 풍경이 좀 더 진솔하다.

만토바에 머물다가 궁금한 호텔이 있어서 어렵사리 하루짜리 베네치아행을 감행했다. 일 팔라초 익스페리멘탈은 칵테일 비즈니스를 기반으로 전방위 사업을 펼쳐온 파리의 익스페리멘탈 그룹이 탄생시킨 호텔이다. 아만 베니스나 호텔 다니엘리 같은 부류의 극적 화려함과는 달리 '힙한 베네치아'를 시도한 곳이다. 지리적으로는 베네치아 화파의 보고라할 아카데미아 미술관과 페기 구겐하임 컬렉션의 예술적 바이브를 체감할 수 있는 곳에 위치한다.

분명 주소에 맞게 찾아왔는데 도통 입구가 어딘지 모르겠다. 파사드에 호텔 이름이 아닌 '아드리아티카^{Adriatica}'라는 황금색 글씨만 반짝이고 있었기 때문이다. 이 건물이 16세기 아드리아티카 해운회사가 세운 팔라초였다는 역사의 흔적을 그대로 남겨두려는 마음이었을까? 대신에 호텔 이름은 출입구 옆 조그만 사이니지에 작게 불을 밝혀 표시해놓았다.

이 호텔의 주된 인상은 어디에서도 볼 수 없는 대담한 컬러 플레이다. 리셉션을 지나 바를 겸한 레스토랑으로 들어서면 호텔의 디자인 콘셉트가 더욱 확고해진다. 강렬한 레드 스트라이프 패턴과 사탕 같은 베이비 핑크와 마린 블루, 반복되는 아치들의 리드미컬한 조형은 1920년대 베네토 주 어느 해변가의 총체적인 풍경을 떠올리게 한다. 비잔틴 양식의 화려한 창 아래로 딥 라군 컬러의 카펫이 깔려 있고, 벨벳 소파 등받이의 출렁거리는 곡선과 대리석 테이블 위에 놓인 초록 유리잔들까지…. 한마디로 팝하면서도 현란하다. 어떤 면에선 멤피스 그룹[•]의 되바라진 모양새도 엿보인다. 살짝 키치스러울 뻔하다가 이내 자기 콘셉트로 자리를 잡는 건, 이 섬에 널려 있는 형태와 컬러를 명랑함으로 변환한 맥락 덕분이다. 진지한 디자인은 늘 흡족하지만, 이유가 분명한 파격적인 디자

• 1981년 이탈리아 밀라노에서 결성된 포스트모던 디자인 그룹으로, 선명한 색채와 개성적이고 비정형적인 형태를 특징으로 한다.

인은 쉽게 잊히지 않는다. 무엇보다 호텔 관찰자의 눈은 후자일 때 더욱 즐거워진다.

초록이 무성한 정원으로 이끌리듯 나가보았다. 내내 떠돌던 낙천적인 웃음소리는 개츠비처럼 새하얗게 차려입고 아페리티보를 즐기던 한 무리의 멋쟁이들로부터 온 것이었다. 무화과나무들이 아프로디테 조각상과 풍경을 이룬 꽤 넓은 정원은 화려한 파사드와는 다른 비밀스런 이면이다. 좁은 운하에 정박한 개인용 보트에서 칵테일 잔을 손에 든 사람들이 한없이 나른해 보인다. 틀림없는 이탈리아인들. 상체를 드러내고 모두들 솜털처럼 가볍게 세상을 살겠다는 표정이다. 바를 가득 울리는 더스티 스프링필드의 노래 〈The Windmills of Your Mind〉와 멀어지며 엘리베이터에 올랐다.

내가 선호하는 꼭대기 층의 방. 육중한 대들보들이 가로지르는 천장에는 작은 창도 하나 달려 있다. 옷장과 창틀, 소파, 조명에 이르기까지 아치가 반복되는 모양새는 실로 동화적이기까지 하다. 늘 장소의 로컬리티를 강조해온 프랑스 디자이너 도로테 메일리슈종Dorothée Meilichzon 특유의 디자인은 베네치아라는 도시에서 더욱 직관적으로 발휘되고 있다. 아치에 대해 그녀는 이렇게 말한다.

"건축가 안드레아 팔라디오가 베네치아에 끼친 영향은 대

단해요. 16세기에 그가 남긴 건물들에는 아치가 상당히 많아요. 호텔의 모든 아치는 팔라디오로부터 온 조형적 요소이자 모티프인 셈이죠. 호텔을 지배하는 짙은 초록색은 베네치아의 석호에서 떠올렸어요. 그 찬란하고 깊은 색채를요."

모스그린 컬러의 벽체, 촘촘한 테라초^{terrazzo} 바닥과 대리석 악센트, 레드 스트라이프 소파, 콘 모양의 월 램프, 이 모든 것의 어우러짐은 아무나 구사할 수 없는 관능적이면서도 위트 있는 농담처럼 느껴진다.

창밖으론 베네치아의 작은 집들과 웅장한 성당이 끝나가는 여름 태양 아래에 있다. 정원에서 짜랑짜랑 울려 퍼지던 흥겨운 소음은 밤까지 이어질 듯하다. 이곳에서 보낼 얼마 남지 않은 시간이 기대감으로 충만해진다. 과연 나는 진득한 히스토리에 절묘하게 스며든 '쿨'한 멋을 만끽해야 직성이 풀리는 까다로운 손님일까?

https://www.
palazzoexperimental.com
Fondamenta Zattere Al Ponte
Lungo
Dorsoduro 1410, 1411, 1412
30123, Venezia, Italy

위대한 르네상스인의
팔라초에서

Palazzo Castiglioni

팔라초 카스틸리오니
만토바

이탈리아 롬바르디아 주의 만토바, 조금 생소하긴 하지만 유구한 기품을 가진 도시다. 삼면을 호수가 감싸고 있어 자연적으로 해자垓子가 형성된 요지이자 16세기 곤차가 가문이 다스린 만토바 공국의 화려하고 평화롭던 시절의 흔적이 그대로 남아 있는 곳이다.

지난여름, 이탈리아 여행을 구상하면서 내가 남편에게 내건 조건은 소란과 인파가 없는 곳으로 가야 한다는 것이었다. 관광지의 매혹은 늘 과열을 동반하기에, 이번 여행에서는 그걸 피하고 싶었다. 우리가 택한 곳은 이탈리아 북부의 역사적인 작은 도시들이었다. 볼로냐를 거쳐 만토바에 당도한 건 시오노 나나미의 첫 책 『르네상스의 여인들』의 첫 챕터에 등장하는 이사벨라 데스테라는 여인 때문이었다. 페라라 공국의 딸로서 프란체스코 2세 곤차가와 결혼해 특유의 교양과 미적 감각으로 만토바에 르네상스의 기운을 한껏 불어넣은 그녀의 발자취가 이곳에 있었다.

이사벨라 데스테가 촉발한 나의 여정은 호텔이라는 공간을 통해 그녀와 친밀했던 또 다른 존재를 만나게 했다. 볼로냐에서 급히 만토바의 호텔을 찾던 중에 우연히 팔라초 카스틸리오니라는 곳을 발견했다. 내가 좋아할 만한 것을 날렵하게 알아차리는 나의 시각적인 감각은 이럴 때 발휘된다. 몇 장의 객실 사진만으로도 범상치 않다고 직감했다. 옛것의 흔적과 그걸 품은 유서 깊은 건축물이 팔라초라는 어휘와 뒤섞여 매혹적인 요소로 감지된 것이다. 하지만 이 건물이 16세기에 곤차가 후작을 위해 복무한 궁정인 발다사레 카스틸리오네 가문의 팔라초라는 것을 알게 된 건 호텔에 도착해서였다.

이탈리아 궁정의 외교관이자 문학가였던 카스틸리오네. 그가 1528년에 자신의 경험을 바탕으로 이상적인 궁정인의 처신에 대해 쓴 『궁정인』은 르네상스 시대의 대표적인 저작으로 남아 있다. 이른바 서양식 '매너'의 탄생이었다. 카스틸리오네가 죽고 2백여 년이 흐른 뒤에 후손들이 구입한 팔라초는 대대로 이어져 직계손인 귀도 카스틸리오니 씨가 몇 개의 룸을 호텔로 운영하고 있다.

안뜰에서 만난 그는 제법 나이가 많아 보였음에도 나의 무거운 캐리어를 팔라초의 꼭대기 방까지 옮겨주었다. 방으로 가는 길에 귀도 씨는 벽에 걸린 발다사레의 초상화를 보여주었다. 발데사레와 친했던 라파엘로가 그린 초상화의 복제품이라고 설명하며, 진품은 루브르 박물관의 〈모나리자〉 그림 옆에 걸려 있다며 뿌듯한 표정을 지어 보였다.

팔라초의 가장 높은 곳에 위치했다고 해서 토레 스위트 Torre Suite라 부르는 방은 규모가 압도적으로 컸다. 과거엔 전망

대를 겸한 손님용 응접실로 쓰였다고 한다. 이곳을 드라마틱하게 만드는 건 한 벽을 가득 채운 프레스코다. 〈생명의 나무〉라는 제목의 이 그림은 무려 13세기에 그려진 것으로 색이 일부 희미해지긴 했어도 그림 속의 움직임은 여전히 생생하다. 거대한 나무에서 노니는 새와 원숭이와 열매들의 조화⋯. 세월이 지워버린 그림의 일부마저도 하나의 그윽한 표현처럼 다가왔다.

침대 기둥에는 짤막한 캐노피를 둘렀다. 왜 옛날 침대들은 이렇게 높을까 싶어서 바닥에서 매트리스까지의 높이를 재보니 무려 80센티나 된다. 폴짝 뛰어올라 누워 방을 찬찬히 둘러보니, 흡사 옛 도시의 생활 박물관을 누워서 관람하는 기분이다. 분홍색 벨벳 소파와 아득히 높은 굴뚝으로 연결된 벽난로 옆으로는 나선형의 계단이 자리하고 있다.

망설이다가 10미터는 족히 될 법한 빙그르르한 계단을 따라 지붕으로 올라갔다. 미세한 흔들림을 느끼며 한 발 한 발 겨우 뗐다. 묵직한 나무 문을 밀자, 시간 앞에 굴복한 적벽돌의 도시가 눈앞에 펼쳐졌다. 섭씨 39도까지 치솟은 오후 3시경, 이 절정의 시간에 13세기의 건물 꼭대기에 올라서니 어떤 초고층 빌딩에서보다 모든 것이 더 리얼하게, 그리고 더 진실되게 다가온다. 후드득 날아가는 한 마리 새의 몸짓, 호흡조차

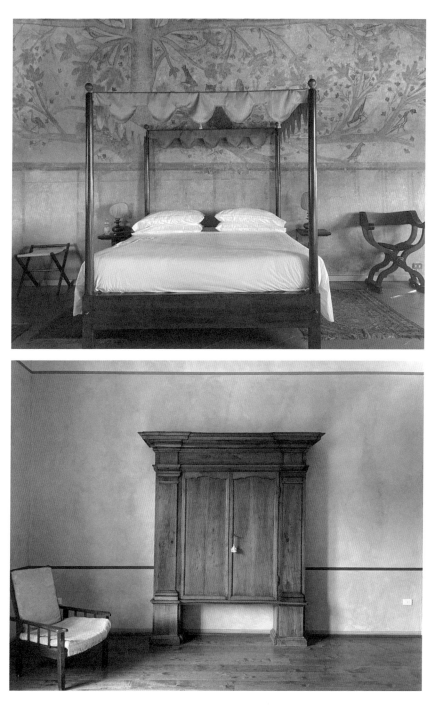

어렵게 하는 작열하는 태양과 그 열기에 잠식된 도시의 고요, 그리고 눈앞에 우뚝 선 천 년 전 쿠폴라의 곡선을 쓸어내리듯 바라보다가 잠시 현기증을 느꼈다. 더 머물고 싶어도 머물 수 없는 뜨거운 지붕에서 내려와 시원한 수박으로 서둘러 입을 채웠다.

모든 여름날의 이탈리아인들이 그렇듯 해가 느지막이 저물고서야 저녁의 시간을 재개한다. 하루의 2막이 저녁 8시를 기점으로 시작된다는 듯 멋들어지게 차려입고 팔짱을 낀 남녀가 오래된 골목길 속으로 사라져 간다. 레스토랑 라쿠치나에서 대구 요리를 만끽한 뒤 15세기 건축가이자 인문주의자인 레온 바티스타 알베르티가 세운 산 안드레아 성당 앞 계단까지 천천히 걸었다. 잠시 계단에 쪼그리고 앉아 롬바르디아의 부푼 바람결을 느끼고 돌아왔다.

어두워도 밤에 더욱 선명해지는 것들이 있다. 이를테면 노란 앤티크 조명 아래에서 슬며시 살아나는 소년의 좌상 같은 것. 몇백 년쯤 됐을까 싶은 벽난로 옆에 꽂힌 내 키만 한 삼지창이 기억의 잔재로서 말을 걸어온다. 궁궐처럼 넓은 방 안의 오래된 물건들을 하나둘 마음으로 묘사하다가 어둠을 몰아내는 붉은 여명 속에서 스르르 잠이 들었다.

호텔은 조식 서비스를 운영하지 않았다. 대신 근처 카페에

서 커피와 주스, 베이커리 같은 간단한 요깃거리를 제공해주었다. 아침 식사 후 곧장 광장을 가로질러 곤차가 가문이 남긴 궁극의 유산 두칼레 성으로 들어갔다.

이사벨라는 1490년 프란체스코 2세와 결혼해 페라라에서 만토바로 왔다. 예술 후원자로 명성이 높았던 그녀는 두칼레 성으로 건축가 줄리오 로마노를 불러들인다. 그는 라파엘로의 제자로 이후에 매너리즘을 창시한 화가이자 건축가로 미술사에 남았다. 이사벨라는 줄리오 로마노에게 궁전을 더욱 찬란하고 견고하게 만들 것을 주문하는가 하면, 당대 최고의 화가 만테냐에게 커다란 홀의 벽면을 채울 곤차가 가문의 프레스코를 의뢰한다. 그렇게 그녀는 스스로 이탈리아 르네상스의 완전한 조화 속에 머물기를 즐겼다.

'결혼의 방'에서 만테냐의 푸른색에 눈을 들이대고 있자니 아무도 없이 적막감만 맴돌았다. 5백여 년이 지나 흔적이 벗겨진 계단 끝의 프레스코는 이제 절반쯤 추상화가 돼가고 있었다. 이자벨라 데스테의 좌우명이었다는 "꿈도 없이 두려움도 없이"라는 문장은 끝끝내 어디서도 찾지 못했다.

www.
palazzocastiglionimantova.
com
Piazza Sordello, 12
46100 Mantova, Italy

캐노피 침대의 환상

Corte Mantovanella

코르테 만토바넬라
만토바

"조반니가 차려준 아침 식탁이 그리워."

이런 얘길 무심히 던지면 남편은 조금 뾰로통해지다가도 이내 수긍하는 제스처를 보인다. 반짝이는 여름빛 아래서 내가 얼마나 즐거워했는지 그도 알고 있을 뿐 아니라 그 몽글거리던 한때의 시간을 그도 같은 마음으로 기억하기 때문일 것이다.

코르테 만토바넬라는 이탈리아 만토바에서 조금 벗어난 산탄토니오Sant'Antonio라는 마을의 작고 귀여운 호텔이다. 젊은 부부 조반니와 줄리아가 운영하는, 방이 네 개뿐인 농가형 B&B에 가깝다. 과거에 지역 장인과 농부들이 공동체를 이루며 살았던 넓은 부지에 여러 건물들이 서 있는데, 그중 한 집의 아담한 안채 2층에 우리가 지낸 방이 있다.

코르테 만토바넬라를 알게 된 건 감각적인 사진이 인상적이어서 오래도록 팔로우 해온 이탈리아의 포토그래퍼 파올로의 인스타그램을 통해서였다. 에메랄드 블루의 벽체에 새하얀 리넨 캐노피가 드리워진 침대 그리고 오래 묵은 커다란 옷장 하나. 사진 속의 방은 무척 소박하면서도 사람의 발길이 닿지 않은 곳이 주는 신비감이 느껴졌다.

"이곳이 어디인지 알 수 있을까요?"

그에게 인스타그램 DM으로 메시지를 보냈고, 몇 분 지나지 않아 'Corte Mantovanella'라는 시크한 대답이 돌아왔다. 우연히 본 사진 한 장이 나를 북이탈리아의 만토바로 이끌었 듯, 호텔은 내게 미지로의 여행을 감행하게 만드는 길잡이가 된다. 성급한 끌림이 가장 순수한 동기가 되듯이 말이다. 책 상 위에 늘 펼쳐져 있는 구겨진 지도를 자꾸만 흘깃거리듯 나 는 호텔을 따라 다음 여행을 꿈꾼다.

밀라노에서 만나 사랑에 빠진 조반니와 줄리아는 도시 생 활을 뒤로하고 자신들의 인생을 어떤 창조적인 영역 속으로 끌어들이고 싶었다. 줄리아의 고향 만토바에서 넓은 정원이 딸린 오래된 건물을 발견한 부부는 2년 넘게 건물을 고치고 매만져가며 호텔의 모양새를 만들어갔다. 직접 벽에 페인트 를 칠하고, 19세기의 스틸레 리베르티(아르누보의 이탈리아식 표 현) 가구들을 찾아 이탈리아 전역을 헤매고, 허물어진 건물 에서 떼어 온 문짝과 조명들을 새로이 달았다.

"시간은 문제가 되지 않았어요. 그저 언젠가 끝내면 되는 일이었으니까요. 그런데 호텔을 막 오픈했을 때, 코로나가 세 상을 정지시켰죠. 여러모로 견디기 힘들었지만, 내 인생이 앞 으로 어떻게 흘러가는지 한번 두고 보자는 심산으로 여기까 지 왔어요."

이 초연한 자세는 그럭저럭 삶이 흘러갈 때 혹은 꼬일 대로 꼬여버린 인생의 정체기에 있을 때도 꽤 유용한 삶의 태도라는 생각이 든다. 부단히 일상을 살아가겠지만 나머지는 놓아버리겠다는 초연함, 그건 생각보다 단단한 마음을 필요로 한다. 그에게서 어떤 연대감이 느껴졌다.

조반니와의 대화는 어느덧 녹음기까지 켜두고 인터뷰처럼 흘러갔다. 침대 위에 캐노피를 드리운 이유를 물어보았다. 혹시 이 지역 특유의 장식인지도 모를 일이다.

"예전의 왕이나 왕비의 침실을 보면 늘 두꺼운 캐노피가 드리워져 있잖아요. 추위를 막기 위한 이유도 있지만, 내겐 캐노피 장식 자체가 늘 신비로운 아름다움으로 다가왔어요. 그래서 이 지난 시대의 것을 우리식으로 한번 꾸며보고 싶었던 거예요."

한껏 화려한 왕의 침실에 감탄하는 것이 감상의 차원이라면, 캐노피 패브릭 아래 누워 한밤을 보내는 것은 더욱 진솔한 실제적 경험이다. 내 침대에는 새하얀 리넨이, 저 옆의 방에는 금사로 짠 두툼한 황금색 패브릭이 걸려 있다. 이탈리아의 작은 마을이기 때문에 어색하지 않게 실현 가능한 삶의 장식이 나를 내내 기쁘게 한다.

매일 아침 8시면 테라스에 앉아 아침을 기다렸다. 이른 끼니를 챙기는 타입은 아니어서 가끔은 호텔에서 제공해주는 조식도 거르곤 하는데, 그들이 차려내는 식탁은 차원이 달랐다. 직접 구운 포카치아에 리코타 치즈, 롬바르디아산 프로슈토를 얹은 멜론, 정원에서 따 온 토마토에 복숭아 주스를 곁들인다. 달콤한 과즙이 턱선을 타고 흘러내릴 정도로, 나는 맛과 시간의 황홀경에 빠져들었다. 조반니와 줄리아의 손이 우리를 위해 낡은 꽃무늬 접시에 내어준 것들, 여름의 빛과 색을 머금은 소박한 맛이었다.

차려낸 이의 마음까지 헤아려질 때 맛의 경험은 곧 기억이 된다. 어제 조반니가 했던 얘기가 또다시 떠오른다.

"난 서로 이름을 부를 수 있는 정도의 규모와 밀도가 좋아요. 친밀감이라고 할 수 있죠. 내가 추구하는 건 4성급 호텔이 제공하는 표준화된 서비스와 쾌적함이 아니에요. 당신이 이곳까지 찾아온 이유처럼요."

길 건너의 승마장에서는 오전 수업이 시작되었나 보다. 매일 이 시간이면, 말과 하나가 된 사람들의 초월적인 움직임이 펼쳐진다. 풀밭 위엔 거북이처럼 생긴 기계가 잔디를 깎느라 이리저리 돌아다닌다.

코르테 만토바넬라에서 나는 새로운 종류의 나를 만났다.

나도 얼마쯤은 시골과 접점을 가진 단출한 인간이 될 수도 있

겠다는 생각, 그건 또 하나의 가능성이었다.

www.cortemantovanella.it
Strada Mantovanella 9
46047 Sant'Antonio, Mantova,
Italy

버려진 공장에서의
기묘한 밤

Meister Zimmer

마이스터 침머
라이프치히

예술가들이 모여드는 곳이라면 필시 그들의 창의적이고 전복적인 기질과 겨룰 만큼 거칠고 생경한 기운을 품고 있는 장소일 것이다. 슈피너라이Spinnerei처럼 말이다. 독일 라이프 치히 서쪽에 자리 잡은 슈피너라이는 19세기 말에 건설된 유럽 최대 규모의 방직 공장 단지였다. 산업화의 결실을 구가하던 한 시절이 지나고 면화 생산이 급감하면서 1990년대 말 마지막 생산 라인은 멈췄고 한동안 방치되었다.

이 무렵 작업실이 절실했던 라이프치히의 아티스트들이 하나둘 이곳으로 모여들면서 텅 비었던 단지가 다시 활기를 띠기 시작했다. 그들의 행보를 따라 갤러리와 아트숍, 화방 등이 생겨나면서 슈피너라이는 독일 통일 이후 동독 고유의 미감을 간직한 문화 단지로 거듭났다.

독일의 구상회화를 대표하는 아티스트 네오 라우흐를 필두로 마티아스 바이셔, 로자 로이 등 일군의 화가들이 여전히 이곳을 지킨다. 버려진 공장 풍경의 멜랑콜리, 폐허와 점유지 사이의 임시적인 무드, 알 듯 모를 듯한 신호들이 소환되어 희미하게 그들을 맴돌다 캔버스 어딘가에 안착한다. 네오 라우흐는 몇 해 전에 나눈 인터뷰에서 이곳 슈피너라이가 자신의 믿음직한 방어벽이라고 말했다.

"라이프치히는 딱 내가 정신적으로 감당할 수 있는 규모의 도시예요. 이곳의 에너지가 어떤 작용을 일으키면서 내 몸을 관통해 고동치며 흐르는 것을 느끼죠."

슈피너라이의 그 기운을 느껴보기 위해서라도 이 단지 내 어딘가에 묵어갈 수 있는 곳이 있어야 했다. 마이스터 침머는 슈피너라이 안에 이 독특한 장소의 맥락을 활용한 숙소다. 각기 다른 규모와 디자인을 갖춘 네 개의 객실은 모두 비대면 체크인 방식으로 운영되며, 직원은 상주하지 않는다. 객실과 기본적인 비품만 제공되는, 엄밀히 말해 호텔의 범주에서 벗어나 있다.

3월의 독일은 아직 동절기에 가깝다. 체크인 당일, 메일로 받은 'How to check in'의 빼곡한 순서를 하나씩 짚어간다. 비밀번호를 눌러 녹슨 박스에서 꺼낸 열쇠로 무거운 철문을 열고, 터프한 그라피티가 난무하는 으스스한 계단을 올라간다. 서늘한 기운과 깜빡거리는 형광등 사이를 걸으며 여기 어딘가에 있을 방을 떠올리자니 참 난감했다.

어둑한 복도에서 간신히 키를 꽂아 방문을 열었다. 난생처음 보는 형태의 방, 놀라움보다 충격 쪽에 가까웠다. 게다가 100평은 돼 보이는 이상하리만치 큰 규모다. 침대는 여기저기에 네 개나 놓여 있고 환히 올라간 층고와 창의 사이즈는 압도적이다. 빨강, 파랑, 흰색으로 나뉜 벽면은 바우하우스의

모티프로 보이지만 낡은 소파와 철제 캐비닛, 둥근 펜던트에
는 인더스트리얼 스타일도 가미돼 있다.

그냥 쓸 만한 것들을 주워다 놓은 듯한 동독 시절의 낡은
가구들, 안테나가 올라온 옛날 카세트 라디오는 주파수를 눈
금으로 표시한 채 콜드플레이 노래를 송출하고 있었다. 일렬
로 놓인 여러 개의 세면대를 보니 과거 노동자들의 숙소였나
싶고, 사다리를 타고 올라가서 쳐야 하는 커튼은 여간 번거로
운 게 아니다. 이름 없는 아티스트가 무심하게 자신의 감각을
쓱쓱 묻혀낸 듯한 방은 거칠어 보이면서도 그로 인해 고유함
이 느껴졌다.

침대가 많으니 어떤 걸 선택해야 하나 잠시 고민했다. 2층
의 오두막보다 커튼을 치면 아늑한 침실이 되는 1층이 나을
것 같다. 저만치 바퀴 달린 철제 침대 두 개와 낡은 캐비닛이
놓여 있는 코너는 마치 전쟁터의 야전 병원을 연상시킨다. 이
기묘한 광경 속에서 잠을 잔다니…. 묘한 흥분과 두려움이 동
시에 밀려든다. 나를 포함해 여길 찾는 이들은 이 이상한 밤
의 시간을 자처한 별난 취향의 소유자들인지도 모른다.

조리도 할 수 있는 주방이 딸려 있는데, 재료가 없으니 낮
에 포장해 온 샌드위치로 저녁 끼니를 해결한다. 주방 바깥쪽
벽에는 하얀 세면대 4개가 나란히 달려 있다. 아마도 이 방은

과거의 공장 노동자들이 함께 투숙하던 공동 주거 구역이 아니었을까? 고단한 일상을 서로의 연대로 위안하며 노동의 피로를 달랬을 그들의 실루엣이 나의 빈약한 상상력 안에서 출렁거렸다.

창문 옆에 걸린 낡은 약상자에 눈이 갔다. 약을 표시하는 레드 크로스가 찍힌 빛바랜 나무 상자. 살며시 열어보니 와인 한 병과 초콜릿, 비스킷과 커피가 들어 있는 일종의 미니바였다. 너무 귀여운 건 박스에 하나하나의 가격을 적어두고 돈은 박스 위의 철통에 넣어두라는 메모였다. 없으면 없는 대로 형편에 맞게 아이디어를 구현시켜, 낡은 약상자를 작은 편의로 제공하고 있는 품새. 마이스터 침머의 고유함은 이 방안을 채운 물리적이고 시각적인 배치뿐만 아니라 발상을 도도하게 구현한 것에 있다.

이불 위에 묵직한 담요를 한 겹 더 덮고 누웠다. 저쪽 어딘가에 유령이 누워 있을 것 같아 등골이 서늘했지만 한밤의 객쩍은 공상을 뒤척이며 즐길 수 있을 것 같다. 마이스터 침머에 혼자 머물려면, 아무래도 두려움을 모르는 등등한 기세가 있어야 가능할 것 같다.

www.meisterzimmer.de
Spinnereistraße 7
04179 Leipzig, Germany

호텔의 까다로운 취향

The Rookery

더 루커리
런던

런던에 루커리라는 이름의 호텔이 있다. 힙한 어감이지만, 실상 루커리는 각종 범죄와 위험이 들끓는 우범 지역을 지칭하는 말이라고 한다. 이 단어를 호텔 이름으로 쓰다니, 이들의 용기와 재치가 가상하다. 호텔이 위치한 스미스필드 지역은 지금이야 산뜻한 카페와 펍이 즐비하지만, 1700년대에는 시골에서 몰려든 가난한 노동자들과 매춘부, 도박꾼들이 우글거리는 위험천만한 동네였다. 바로 그 무렵인 1764년에 지어진 건물에 자리 잡은 루커리는 흥미롭게도 어둡고 흉악한 지역의 역사를 호텔의 콘셉트로 끌고 왔다.

서울을 출발한 지 15시간 만에 도착한 히드로 공항에서부터 나는 내내 비몽사몽의 상태로 몸만 겨우 끌고 다니는 지경이었다. 그런데 우버를 타고 도착한 좁은 골목에서 호텔 문을 열고 들어서자마자 번뜩 정신이 났다. 오렌지색 갓등, 플로럴 패턴의 소파, 묵직한 오크로 만들어진 리셉션, 굵은 태슬로 묶여 있는 커튼과 화려한 이슬람 양탄자…. 모든 게 옛날 것들로 꾸며진 호텔이 강렬하게 나를 자극했기 때문이다.

인도계 중년 남자가 여권을 복사하는 사이, 검은 고양이 한 마리가 리셉션 데스크로 폴짝 뛰어 올라와 우릴 빤히 노려본다. '바기라'라는 이름을 가진 고양이까지 출현하니 왠지 음산한 소설 속으로 빨려 들어가는 듯하다.

엘리베이터가 없는 호텔이다. 2층의 내 방문 앞에는 앨프리드 헐링Alfred Herling이라고 적혀 있다. 안내해준 직원에게 "유명한 소설가인가요?"라고 물어볼 뻔했다. 루커리는 각 객실마다 숫자 대신 사람 이름을 달았다. 방 이름이 월터 드 메니, 호레이스 존스 이런 식이다. 루커리의 주인인 피터와 더글러스가 지역 고문서를 뒤져서 발견해낸, 18세기에 이 건물에 살았던 초창기 입주자들의 이름이다. 앨프리드 헐링은 도셋 출신의 재단사였고, 존 릴랜드는 평생 이 동네에서 빵을 구웠다. 열악한 주거 환경과 반가톨릭 폭동에 대한 기사를 쓰던 윌리엄 블리자드라는 작가도 여기서 살았다. 평범한 일생을 되살려 객실 이름으로 매달고, 그들의 실루엣 초상화와 함께 아카이브 북을 만들어 객실마다 비치해두었다. 이름이 주는 구체성 때문인지 내가 머물고 있는 호텔의 역사가 금세 마음을 점령한 기분이다. 이 옛사람들의 이야기를 잘만 모으면 찰스 디킨스의 『두 도시 이야기』보다 더 흥미진진한 소설이 펼쳐질 것 같다.

"호텔 방이 원래 이렇게 어두워?"

남편이 묻는다. 정말로 방 안의 빛은 갓을 씌운 램프 세 개가 전부다. 팸플릿의 글씨가 안 보일 정도로 어둡다. 침대 모서리에는 기둥이 서 있고, 붉은 광택이 도는 오간자 커튼이 드리워 있다. 벽에 걸린 초상화 속의 남자가 우릴 지긋이 바라본다. 장밋빛 벨벳 의자는 고혹적이고, 침대 헤드보드엔 교회 성가대석 패널처럼 성인 같은 네 명의 인물이 투박하게 조각되어 있다. 최신식은 어느 것 하나 허용할 수 없다는 듯 오롯이 조지안 시대를 연출했다. 조지안 시대는 조지 1세부터 조지 4세까지의 군주를 포함한 18~19세기 중반까지를 일컫는데, 스타일적으로는 예술성을 추구하며 발현된 화려함과 역동성이 특징이다.

가장자리가 곡선 장식으로 둘러진 롤탑 욕조에다 수도꼭지 역시 레버형이 아니라 낡아서 팍팍하게 돌아가는 황동 수전이다. 변기 패드마저도 오크로 만들었으며, 물을 내리는 방식도 메탈 체인을 힘껏 잡아당겨야 한다. 플라스틱이나 스테인리스 따위는 참을 수 없다는 제스처다. 하나하나에 까탈스럽게 공들인 흔적이 역력하다.

사실 최첨단 유행을 따르고 소음을 최소화한 공기청정 시스템을 갖추느라 드는 노력과 비용만큼이나 21세기의 것들을 하나도 허용하지 않으며 노출된 수도관마저 구리로 마감하는 것 역시 그에 못지않은 노력과 비용이 든다. 더글러스와 피터가 자신들을 '괴짜 노인네들'이라고 칭하듯 그런 괴짜들의 기지가 있었기에 이스트 런던의 한구석에서 오늘도 18세

기 조지안 스타일의 방을 누릴 수 있는 게 아닐까.

마침 TV에서는 묵었던 호텔에 대한 평점을 매기는 리얼리티 프로그램이 나오고 있었다. 청결도, 음식, 가격, 친절도별로 허심탄회하게 이야기하는 출연자들의 가차 없는 평가가 과연 영국인답다. 과연 나는 루커리에 몇 점을 줄 수 있을까?

어젯밤에 조식 리스트를 방문 앞에 걸어두고 잤더니 정확히 8시에 전화벨이 울렸다.

"라이브러리에 아침을 준비해두었습니다."

어두운 방보다는 벽난로 앞에 앉아 느긋한 시간을 보내고 싶었다. 크루아상과 호밀빵, 햄과 치즈, 오렌지 주스와 카모마일 티가 트레이에 담겨 있었다. 어제 그 도도하던 고양이 바기라가 우리 곁으로 와서 몸을 부비며 애교를 떤다. 식탐이 녀석의 아킬레스건이었다. 장작이 타오르며 내는 탁탁거리는 소리는 여운을 길게 남긴다. 당장이라도 기록하거나 기억해야 할 순간처럼 말이다.

www.rookeryhotel.com
12 Peter's Lane
Cowcross Street
London, UK

냉담한 럭셔리

Heckfield Place

헥필드 플레이스
햄프셔

시골로 향하는 마음은 좀 색다르다. 내 안에 꿈틀거리는 일말의 야생성과 순수함을 발견할 수 있을 것 같은 느낌 때문이다. 오늘은 런던을 떠나 햄프셔 주의 시골로 들어간다.

영국인들의 시골 사랑은 유난하다. 전인적 인간이라면 광막한 자연을 만끽하며 시골에 머무는 것이 마땅하다는 듯 이들은 열렬히 시골을 향유한다. 산책, 도보 여행, 방랑, 명상이라는 이름으로 부단히 걸었던 시인, 귀족들과 숱한 평범한 사람들을 떠올리면, 자연은 그들에게 하나의 관념이자 세계였다. 리베카 솔닛은 『걷기의 인문학』에서 "워즈워스에게 걷기란 통행의 수단이 아니라 존재의 양식이었다"라고 썼는데, 워즈워스를 '영국인들'로 바꾼다 해도 무방할 표현이다.

런던 서쪽의 레딩Reading이라는 도시까지 기차를 타고, 다시 택시로 한참을 들어가면 헥필드라는 동네에 이른다. 이정표가 나타나고 입구에 도착하면 직원이 차를 세워 투숙객의 이름을 확인한다. 사유지로 진입하는 데 필요한 절차다.

헥필드 플레이스는 1790년에 세워진 조지안 시대 타운하우스를 럭셔리 컨트리 호텔로 탄생시킨 곳이다. 하우스를 매입한 중국계 억만장자 제럴드 찬Gerald Chan은 오랫동안 스스로 만족할 수 있는 최고의 호텔을 만들려는 꿈을 키웠고, 십여 년의 준비 기간을 거쳐 2018년에 문을 열었다. 퀘이커 교도처럼 코듀로이 바지와 조끼를 입은 직원이 따듯한 물수건과 꿀 허브티를 건넨다.

"밖이 꽤 쌀쌀하죠? 난롯가로 다가오세요. 이 차가 금방 몸을 따듯하게 해줄 거예요."

창밖의 고전적인 분수 너머로 펼쳐진 끝 모를 초록 들판은 영국 화가 존 컨스터블의 낭만적인 풍경화가 선연히 되살아난 풍광이다. 호텔 건물은 그저 작은 일부에 불과한 듯 헤아릴 수 없이 넓은 40만 평이라는 대지는 차라리 환상에 가깝다.

객실을 확인할 겨를도 없이 3시에 예약해둔 '영지 투어^{Estate Tour}'에 참가하기 위해 부지런히 움직였다. 이미 몇 명의 신청자들이 모여 있었다. 가이드 안드레아는 우리의 신발을 빤히 보더니 "숲으로 들어가면 신발이 망가질 수도 있어요. 부츠로 바꿔 신는 게 좋겠군요"라며 지하층 라운지로 안내한다. 사이즈별로 수십 켤레의 헌팅 부츠가 나란히 놓여 있었다. 내 발에 맞는 걸 찾아 바지를 욱여넣었다. 묵직한 부츠 때문에 걸을 때의 감각이 잠깐 이상했다. 영국인 무리에 끼여 하우스 밖으로 걸어 나갔다.

안드레아는 이 조지안 타운하우스의 히스토리와 이곳을 찾았던 역사적인 인물들에 관해, 그리고 광활한 숲이 이 지역에서 얼마나 중요한 의미를 갖는지를 들려주었다. 제인 오스

틴이 이 언덕 아래에 살았다는 이야기에 귀가 솔깃했다.

그들과 함께 뚜벅뚜벅 걷기 시작했다. 직접 땅을 밟으니 숲의 스케일이 온몸으로 전해지는 듯했다. 걸을 때마다 축축한 진흙이 부츠에 들러붙는 것을 느끼며 덤불 숲을 지나자 잔잔한 호수에 이른다. 호수를 가로지르는 나무다리 위에 서서, 이곳에 서식하는 어종들의 이름과 여름이면 푸르름이 어떻게 발색하는지를 안드레아는 생생하게 전해주었다.

호텔은 점점 시야에서 멀어지고 있었다. 시간을 가늠할 수 없는 숲속의 어둠이 나를 감싼다. 이들에게 산책이란 기분 좋은 곳에 살짝 다녀오는 게 아니라, 터프하고 척박한 자연으로 나아가 걷기를 통해 자신을 소진하는 것이다. 추위나 바람도 문제 될 것이 없다는 기세를 장착하고 말이다. 어린 풀잎과 무수한 들꽃 하나하나에 반응하고, 황량함 속에 싸리비를 맞는 것까지도 자연스럽게 수용되는 시간.

두어 시간을 걷고 돌아와 드로잉룸에 앉아 애프터눈 티타임을 즐겼다. 으슬으슬한 몸을 뜨거운 홍차와 캐러멜 케이크로 데우며, 버지니아 울프와 제인 오스틴도 경험했을 이 시간의 동질감 속에서 친밀한 감각이 더해졌다.

구상화로 갈무리되는 헥필드만의 컬렉션도 요즘의 트렌드

와는 거리를 두고 있다. 데이비드 스필러의 〈All My Loving〉, 엘리자베스 주다Elisabeth Juda의 1930년대『하퍼스 바자』에 실린 패션 사진들, 이 하우스의 중요한 손님이었던 제인 오스틴의 초상화, 앤서니 머피Anthony Murphy의 낭만적인 정물화. 그밖에도 1940~1950년대에 활동한 수많은 영국 화가들의 그림이 호텔 곳곳에 빼곡하다. 역시 소유주 제럴드 찬이 만들어낸 어떤 고결한 세계. 클래식한 영국 취향에 기울어 있는, 취향이 확고히 드러나는 컬렉션이라 할 수 있다. 객실에 비치된 미니 아이패드에 작품 정보가 담겨 있어서 미술관을 거닐듯 호텔 구석구석의 작품을 살피는 재미가 쏠쏠하다.

최근에 레이드백 럭셔리Laidback luxury라는 표현을 자주 본다. '냉담한 럭셔리', '무감동적인 럭셔리' 정도로 해석할 수 있는데, 언뜻 럭셔리 본연의 뉘앙스와 어긋나는 듯하지만 과하게 넘치는 최고급보다 한층 더 진일보한 개념이라고 할 수 있다. 여기에는 대놓고 고급으로 치장하거나 전형적인 친절을 제공하는 태도를 넘어서 경험적이고 은유적으로 최고의 순간을 누리도록 하는 방식도 포함된다. 일례로 헥필드 플레이스에서는 시각적인 것보다 재질의 촉감이나 사운드, 자연적인 향의 감각이 먼저 감지되고 내 안에 남아 계속 맴돈다. 직원들 역시 고객에게 과하게 친절하다는 느낌보다 어떤 요

구든 신속하게 대처하는 지적인 조력자 같은 인상을 풍긴다.

풍성한 만족감은 깊은 잠을 선사했다. 아스라이 안개가 낀 아침, 하우스 서쪽의 스파 보티[Bothy]로 향했다. 보티는 게일어로 쉼터 혹은 후퇴라는 뜻이다. 직원은 내게 이곳에서 보낼 고요한 순간을 위해 휴대폰은 맡아주겠다고 제안한다. 휴대폰이 사라졌을 뿐인데 속세를 모두 내려놓은 기분이다. 지하로 내려가 물이 찰랑거리는 새하얀 풀에 이르렀다. 나른하게 수영 동작을 시작하기 전, 창밖의 먼 곳으로 시선을 둔다. 풀 끝의 스크린 너머로 신전 기둥 같은 나무들과 거친 가을 벌판이 이어진다. 안과 밖의 구분이 무의미한 풍경. 어떤 행위를 하기보다 그저 바라보는 것이 더 절실한 순간이다.

궁극의 럭셔리는 결국 자연으로 가는 게 아닐까? 모든 것이 완벽한 상태에서 나와 세계가 평화롭게 조우하는 것. 자연을 내밀하게 상대하기 위해서는 우선 내 안의 여백을 만들어내야 할 일이다.

www.heckfieldplace.com
Heckfield Place, Hampshire
RG27 0LD, England

탐미의 덩어리

The Franklin Hotel London

더 프랭클린 호텔 런던
런던

런던의 11월은 서서히 쇠퇴해가는 계절을 목격하기 위한 시간 같다. 잿빛 하늘과 을씨년스럽게 찬 공기, 제법 잦은 비의 날들, 후두둑 떨어지는 낙엽들을 흩날려버리고 서서히 속도를 내는 빨간 2층 버스. 이 모든 풍경을 지나 내셔널갤러리로 들어가 카라바조의 〈엠마오의 저녁 식사〉를 마주하는 절정의 순간에 다다른다. 보고 싶은 그림만 보고 나올 생각이었기에 미술관에 머문 시간은 그리 길지 않았다. 벌써 크리스마스 마켓으로 노란 전구들이 휘황히 불을 밝힌 트래펄가 광장에는 이미 어둠이 깔려 있었다. 이 모든 인상을 끌어안고 돌아가야 할 곳이 호텔이라는 사실은 이따금 위안이 되기도 한다.

사우스 켄싱턴의 조용한 거리에 위치한 '더 프랭클린 호텔 런던'은 붉은 벽돌의 빅토리안 시대 타운하우스에 자리하고 있다. 부유한 거리 한가운데서 호텔임을 알아차릴 수 있는 단서는 입구에 비밀스럽게 씌어진 'F'라는 대문자 알파벳뿐이다. 호텔로 들어서면 그레이가 주조를 이룬 무채색의 향연이 펼쳐진다. 차분한 톤 다운이라기보다 한껏 야한 스모키에 가까운 색조에 대리석 테이블과 벨벳 의자, 모로칸 패턴의 커튼이 일렁인다. 디자이너 아누쉬카 헴펠Anoushka Hempel이 뽐낸 관능적인 공간이다. 그녀는 이미 1978년에 오픈한 런던의 블레이크스 호텔Blakes Hotel을 통해 탐미적인 부티크 호텔의 전형을 선보인 인물이다. 싱가포르의 덕스턴 리저브Duxton Reserve, 파리의 무슈 조지Monsieur George처럼 아누쉬카 헴펠은 어둠과 조명의 극적인 대비, 과거 유럽에 대한 향수 그리고 동아시아적인 화려한 요소를 과감하게 뒤섞어 구사한다.

그렇다면 방은 더욱 그 내밀한 기운을 전해줄까? 가든 스위트룸 109호. 전면의 발코니 너머로 가을 단풍이 무성한 나무들이 노랗고 붉은 기운을 한껏 펼친다. 호텔 뒤편에 위치한 유서 깊은 에저턴 가든이 보이는 방이다. 너른 가든에서 한 정원사가 느긋한 몸짓으로 마른 가지들을 정리하고 있다. 정원사의 움직임에서는 늘 우주적인 면모가 엿보인다.

로비에서와 마찬가지로 객실 벽은 온통 거울로 둘러싸여 있다. 거울과 거울이 만들어내는 시각적인 교차와 왜곡이 주는 흥미로움, 곡선의 연철로 만들어진 침대의 네 기둥과 벨벳 쿠션의 우아한 조화, 거기에 그레이 셰이드 조명이 은은한 빛을 뿌린다. 이 빛의 방에서는 신비로운 이야기가 끝없이 솟아날 것만 같다.

이따금 탐미로 가득 찬 공간이 나를 번뜩이게 한다. 아일린 그레이는 현대 건축의 빈곤이 관능의 위축에서 기인한다고 말했다. 대부분의 호텔들은 '집 같은 편안함'을 내세우지만, 때로는 생경한 긴장을 자아내는 인테리어를 경험하는 것도 즐겁지 않을까. 파리와 더불어 호텔의 선택지가 가장 많은 런던에서 '더 프랭클린'을 선택한 이유다.

침대에 누워 천장을 올려다보니 방의 형태가 팔각형, 옥타곤이다. 방이 더 극적으로 느껴진 까닭을 찾은 듯했다. 가든 쪽으로는 여러 개의 창문이 있어서 파노라마 풍광이 가능한데, 다만 가운데 놓인 육중한 TV가 못내 아쉽다. 완결한 아름다움에 틈을 내고야 마는 TV의 존재는 내게 늘 거슬리는 요소다. 더구나 TV보다 모바일 영상에 더 많은 시간을 할애하는 요즘의 세태를 감안하면 호텔의 입장에서도 고민거리가 아닐까 싶다. 예컨대 18세기 조지안 스타일을 모티프로 한 호텔 인테리어에서 TV 설치가 응당 공간의 통일성을 방해함에도 불구하고 마지막까지 숙고해야 하는 애물단지가 되는 것처럼 말이다. 호텔에서 단 한 번도 TV를 켜본 적이 없는 다소 극단적인 투숙객으로서는, 여전히 존재하는 일본의 스모킹/논스모킹 룸처럼 TV가 있는 방과 없는 방을 옵션으로 만들면 어떨까 하는 생각마저 든다.

이른 저녁 식사가 예정되어 있었다. 호텔 1층의 레스토랑을 예약했다. 미슐랭 스타 셰프 알프레도 루소Alfredo Russo의 이탈리아 피에몬테 요리를 선보이는 곳이다. 아직 이른 시간

이라 그런지 손님은 우리뿐이다.

"월요일 저녁은 대개 조용한 편이에요. 그러니 편안하게 이 저녁을 누리세요. 저 역시 당신들에게만 충실할 수 있으니까요."

서비스 멘트라고 하기엔 너무 능수능란한 매니저는 자신을 시칠리아에서 온 살바토레 마조라고 소개했다. 어두워진 만큼이나 천장에서 떨어지는 펜던트 램프의 조도는 더욱 명료했다. 비트 뿌리 샐러드와 참돔 카르파초가 상큼하게 입맛을 돋워준다. 살바토레는 요리를 하나씩 서빙할 때마다 우리에게 맛이 어떻냐고 물어왔다. 질문이라기보다 자신의 얘기를 꺼내기 위한 서두 같았다. 오늘의 재료에 대한 설명과 셰프의 캐릭터를 간단히 일러주더니, 자신이 20년 전 시칠리아에서 런던으로 오게 된 계기를 조곤조곤 이어 나갔다. 남부 이탈리아인의 정겨운 수다로 들려서 피곤하지는 않았다. 흰 콩을 곁들인 대하 구이에 이어 메인 요리인 브로콜리 소스를 얹은 넙치까지, 평소의 적정량을 조금 넘겼지만 기분은 썩 좋았다.

잠자리에 들기 전 호텔 근처를 산책했다. 내친김에 길 건너에 있는 빅토리아앤드앨버트 뮤지엄을 천천히 한 바퀴 돌았다. 내일 방문할 뮤지엄을 미리 서성이는 기분으로…. 주위를 돌아보는 것만으로도 압도적인 규모가 감지된다. 1851년 런던 만국박람회 때 출품된 전 세계의 공예품들을 모태로 만들어진 이곳에는 얼마나 진귀한 이야기가 가득할까? 불이 꺼진 뮤지엄 옆의 담벼락에서 조금 더 머물고 싶어졌다. 바람은 쌀쌀하지만 밤은 아직 오래 남았으므로.

https://collezione.starhotels.com/en/our-hotels/the-franklin-london/
24 Egerton Gardens
SW3 2DB Knightsbridge, London

알프스라는
겨울 은신처

Aman Le Melezin

아만 르 멜레징
쿠르슈벨

파리 리옹 역에서 기차를 타고 다섯 시간 남짓 달려오니 무티에 살랭Moutiers Salins이라는 곳에 도착한다. 발음조차 어려운 낯선 지명이 먼 길을 왔다는 걸 더욱 실감나게 한다. 작은 마을 역에 다다르자 얌전히 앉아 있던 모든 승객들이 내릴 채비를 한다. 그들의 손에는 묵직한 스키와 보드 장비가 들려 있고, 대부분이 알록달록하고 두툼한 스키어 차림이다.

아만 르 멜레징, 일 년 중 4개월 정도 동절기에만 문을 여는 이 호텔에 가기 위해서는 역에서 차를 타고 40여 분쯤 더 들어가야 한다. 마중 나온 기사의 아우디에 오르자마자 구불구불 가파른 산길이 시작된다. 날렵하게 좁은 도로를 타고 오르는 솜씨가 노련하다. 고도가 높아질수록 알프스 산맥들이 켜켜이 장엄한 레이어를 펼쳐낸다. 평지에선 눈이 없었는데, 산으로 갈수록 쌓인 눈들이 제법 두텁다.

아만 르 멜레징은 프랑스 남동부 타렝테스Tarentaise 계곡에 자리 잡은 유서 깊은 스키 지역 레 트루아 발레Les Trois Vallées, 그중에서도 가장 높은 지역인 쿠르슈벨Courchevel 1850에 위치한다. 해발 1,850미터라 지명 옆에 숫자가 따라붙는, 알프스를 대표하는 겨울 휴양지다. 알프스라는 광활한 이름만큼이나 수려하고 웅장한 풍광은 물론 설질이 탁월하기로 유명하다. 유럽의 로열 패밀리와 부자들, 배우들이 특히 이곳을 사랑했는데 과거에 다이애나 왕세자빈과 오드리 헵번이 겨울이면 이곳을 찾곤 했다. 젊은 그레이스 켈리가 아이들과 겨울한때를 보낸 흑백사진 속에 빈번히 등장한 배경도 쿠르슈벨이다. 최고급 호텔과 별장, 레스토랑은 물론이고 눈만 가득쌓인 산꼭대기에 즐비한 샤넬과 디올, 보테가 베네타 등 럭셔리 부티크 매장들도 이곳만의 진풍경이다.

아만 르 멜레징 입구에 도착하니 컨시어지와 지배인이 기다리고 있다가 인사를 건넨다. 아만이 선보이는 서비스는 늘너무 정중하고 동시에 친근하다. 모든 서비스가 일사천리로이뤄지지만 직원들의 분주한 몸놀림은 눈에 띄지 않는다. 어느새 사라져버린 내 무거운 캐리어는 누군가 벌써 내 방 옷장안으로 옮겨 두었을 것이다.

최신판 '007 시리즈'에 나올 법한 비밀스럽고 위용 있는 건물은 자작나무와 녹색의 벨벳 가구들, 벽난로에서 타오르는목재 내음으로 가득하다. 얼어붙은 손과 발을 녹이려는 스키어들 몇 명이 벽난로 옆 라운지에서 위스키를 마신다. 매년12월부터 이듬해 4월까지, 오롯이 설산에서의 겨울 스포츠를 즐기기 위해 잠시 존재했다가 사라지는 세계의 한 장면처럼 보인다.

두 층을 올라가 묵직한 키로 문을 열어 룸에 들어섰다. 침

실과 워크인 클로짓, 욕실이 분리된 넓은 방에도 오크 가구와 목재 패널에서 풍기는 특유의 나무 냄새가 감돌았다. 가장 험하고 고립된 지역으로 들어와 스키를 타며 겨울 한철을 보내는 스키어들의 날렵한 움직임을 보고 있어도, 아니면 웅장한 설산만 바라보고 있어도 좋을 것이다. 섬세한 요리를 음미하거나 모닥불 옆에 앉아 글을 쓰는 건 더욱 괜찮겠다. "스키가 아니라면 왜 이곳에 왔나요?" 아무도 내게 이렇게 묻진 않겠지만, 스키라는 행위 하나로 모두가 연대를 이루는 이곳에서 적어도 나만의 이유를 가져야만 할 것 같다.

스키를 탈 줄 모르는 내가 애써 이곳까지 온 건 험준한 산맥의 한 지역에서 겨울의 한때를 겪고 싶어서였다. 이 특별한 시공간의 풍경과 이야기를, 언젠가를 위해 기록하거나 기억하는 것. 글감을 찾기 위해 여기에 왔다고 말한다면 그럴듯한 이유가 될 것도 같다. 해가 저물자 다시 세차게 눈이 내리기 시작한다. 처음 보는 공격적인 눈발이 불안하지만, 그 팽팽한 고립감이 다른 한편으론 즐겁게 느껴진다.

아직 모두가 깨지 않은 이른 아침이다. 새벽에 쌓인 눈이 무릎까지 차올랐다. 오늘은 어쩔 수 없이 고립인가 싶었는데, 동틀 무렵부터 제설차가 끝없이 오가고 스키 슬로프를 평평하게 다지는 작업이 끝나자 다시 스키어들이 우르르 몰려든다. 이들에게 폭설은 일상이고, 나의 걱정과 달리 오랫동안 겨울을 다루는 데 도가 튼 사람들이다.

오후에는 케이블카를 타고 전망대로 올라가 아찔한 슬로프와 황량하게 치솟은 침엽수를 바라봤다. 끝없이 눈 위를 미끄러져 내려가는 스키어들의 움직임은 이 계절만 기다린 듯 과감하고 리드미컬했다. 캐시미어 코트 차림은 나 하나뿐, 그나마 도톰한 패디드 부츠는 보다 수월하게 눈 위를 걷게 한다.

점심으로 컨시어지가 추천한 레스토랑 알레산드로에서 진한 치즈가 들어간 크림 리조토를 먹었다. 흩뿌려진 파르미자노가 고소한 풍미를 더했다. 이탈리아와 가까운 알프스 언저리로 내려올수록 이탈리아 요리가 확연히 더 맛있어진다.

버석버석 눈을 밟고 호텔로 올라와 벽난로 옆에서 젖은 신발을 말리며 몸을 녹였다. 아침에도 눈인사를 나눈 커플은 종일 호텔에만 있었는지, 바의 가장 구석진 자리에서 은밀한 다정함을 과시한다. 안과 밖, 어디서나 하얀 눈과 나무가 전부인 이곳의 시간은 유난히 더디게 흐르는 듯하다. 바로 어제 봄 같던 파리에서 비밀스런 겨울 은신처로 진입한 느낌이다.

www.aman.com/resorts/
aman-le-melezin
310 Rue de Bellecôte
73120 Courchevel 1850,
France

파리 1구의 호텔

Hôtel Madame Rêve

호텔 마담 레브
파리

파리발 빅 뉴스는 언제나 전 세계를 들썩이게 한다. 새로운 뮤지엄이 문을 열거나 150년의 역사를 가진 백화점이 새 단장을 한다는 소식은 단지 파리만의 일이 아니라는 듯 온 세상의 환호와 주목을 받는다. 2021년 축포를 터뜨린 부르스 드 코메르스Bourse de Commerce 피노 컬렉션 미술관이 오픈했을 때도 그랬다. 구찌, 발렌시아가, 보테가 베네타 등을 소유한 럭셔리 브랜드 그룹 케링Kering의 수장인 프랑수아 피노François Pinault의 1만여 점에 달하는 미술품 컬렉션을 소장한 이 미술관은 한마디로 파리와 피노 회장이 함께 일궈낸 미학적 결실이었다.

18세기의 돔형 건축물인 증권거래소를 일본 건축가 안도 다다오가 3년여에 걸쳐 리노베이션해 21세기 현대미술의 신전으로 탄생시켰다. 유서 깊은 건축물을 빛과 비움의 공간으로 빚어낸 거장의 집념, 그리고 프랑수아 피노의 50여 년에 걸친 컬렉션의 규모와 내용이 전하는 압도감은 미술관을 오픈한 이후 3년이 지난 지금까지도 예술 순례객들을 파리로 끌어들이고 있다.

이렇게 상징적인 랜드마크가 안착하면 주변 지역도 유기적인 변화를 겪기 마련이다. 게다가 부르스 드 코메르스는 파리에서도 초중심지인 1구에 위치한다. 그 접전지에 방점을 찍어줄 럭셔리 호텔의 출현을 기다리던 중 눈에 띈 곳이 2021년에 문을 연 호텔 마담 레브다.

이 호텔은 1888년부터 운영된 루브르 중앙 우체국을 개조했는데, 무려 8년이 걸린 리노베이션을 담당한 건 건축가 도미니크 페로였다. 그는 우리에게도 이화여대 ECC 프로젝트로 익숙하다. 호텔의 소유주 로랑 타이브Laurent Taïbe는 호텔의 메인 콘셉트를 "인생은 황금빛이어야 한다"는 디자이너 앙드레 퓌망Andrée Putman의 말에서 가져왔다. 부와 지성, 예술이 한껏 풍요롭던 벨 에포크 시절의 반짝이는 관능에 대한 동경을 잔뜩 담아서 말이다.

그 금빛 향연은 1층의 레스토랑 키친 바이 스테파니 르 켈렉Kitchen by Stéphanie Le Quellec에서 시작된다. 미슐랭 2스타 셰프인 스테파니의 재기발랄한 요리는 물론이고, 8미터나 되는 천장에서 떨어지는 제체시온(빈 분리파) 스타일의 샹들리에와 황금빛 벨벳 커튼, 보자르 스타일의 코냑 의자는 19세기의 빛나는 아르누보 가구 제작자 루이 마조렐을 떠올리게 한다.

이런 곳을 그냥 지나칠 수는 없는 노릇이다. 늦은 점심 식사를 위해 테이블에 앉았다. 아보카도에 올린 다진 새우와 영롱한 푸아그라 라비올리, 어린 시금치와 함께 구운 대구 요리가 하나씩 대리석 테이블 위에 올라왔다. 재료에 충실한 듯

플레이팅은 단조로웠으나 식감의 레이어는 다채로웠다. 맛과 분위기, 두 감각이 뒤섞여 강렬하게 달려들었다. 옆 테이블의 두 어르신은 그윽한 프랑스어로 사색적인 대화에 몰두하고 있다. 여기가 파리라는 걸 다시금 상기시켜주는 그들의 음성 덕분에 미식의 쾌락이 정점에 이른 기분마저 든다. 성찬의 끝은 더 이상 달콤할 수 없는 쵸콜릿 케이크 한입으로 마무리했다.

마담 레브의 82개 객실은 모두 3층에 위치한다. 어두운 복도를 한참 걸어간 뒤에야 방문을 열었다. 각진 천장 아래로 파노라마 창이 펼쳐져, 건너편의 오스망 시대 건물의 화려함을 스펙터클하게 드러낸다. 이곳이 파리라는 걸 한순간도 잊지 못하게 할 심산인 모양이다. 이 압도적인 창은 육중한 소리를 내며 버튼식 콘트롤러로 열리고 닫힌다. 'Don't disturb/Make up room' 버튼, 온도 조절과 조명 스위치까지 하나의 센서로 작동된다. 디자인은 한껏 파리 스타일로 치장한 반면 시스템은 모두 최신식이다. 바닥은 중후한 오크 목재, 벽면은 조형적인 월넛 패널이 감싸고 있다. 방에서는 예의 '황금빛' 콘셉트를 한결 모던하고 부드럽게 드리운 듯했다. 캐러멜색 가죽 소파와 의자, 대리석 테이블과 브론즈 조명, 오렌지 패브릭과 목가적인 편지 박스까지…. 욕실의 반짝이는 핑크와 골드의 세공 타일은 한없이 호화로워지는 마음을 더욱 두방망

이질한다. 마담 레브라는 이름처럼, 오늘 밤은 꿈이 찾아올 것만 같다.

이따금 호텔에서 아침 약속을 만들기도 한다. 다음 날 아침 파리에서 건축가로 활동하는 강민희 씨와 조식을 함께 하기로 했다. 일과 육아로 바쁜 그녀와 여행 스케줄이 빼곡한 나의 만남을 조율하기엔 아침 식사만큼 적당한 시간도 없다. 객실과 같은 층의 레스토랑 라 플륌^{La Plume}. 홀 담당 직원은 특별히 전망이 좋은 자리로 안내한다.

"겨울엔 이렇게 굴뚝에서 연기가 올라오는 풍경이 너무 좋아요."

16세기에 지어진 생퇴스타슈^{Saint-Eustache} 성당의 고딕 지붕을 마주하고 앉으니 그녀가 신나서 말한다. 아침 메뉴를 한참 들여다보던 그녀가 프랑스어로 주문을 대신 해준다. 크루아상과 바게트, 과일 샐러드, 오믈렛 그리고 이름도 깜찍한 조이^{Joie} 디톡스 주스를 골랐다.

최근의 럭셔리 호텔들에서는 뷔페식이 많이 사라졌다. 코로나 이후 보다 효율적인 운영과 고객의 개별적인 니즈에 맞추려는 추세에서 비롯된 변화다. 고급 호텔일수록 고객이 원하는 메뉴만 골라서 주문하는 방식을 택하면서 유기농이나 그 지역에서 생산한 신선한 재료임을 더욱 강조한다. 나 역시 이쪽이 더 반갑다. 보통 아침 식사를 거하게 먹지 않는 데다 양질의 따듯한 식사라는 점이 무척 만족스럽다. 라 플륌에서 오랜만에 성에 차는 아침 식사를 한 덕분에 우리의 대화는 좀 더 길고 깊어질 수 있었다. 짧은 만남이지만, 호텔의 아침 식탁으로 누군가를 초대하는 건 그와 더욱 각별해질 수 있는 기회이기도 하다.

https://madamereve.com/
48 Rue du Louvre
75001 Paris, France

오두막에서의 고립

Hôtel Cabane

호텔 카바네
파리

오두막에서 내가 느끼는 정서는 소박함을 전제로 한 자발적인 고립 상태다. 도시 생활자로서 오두막을 이루는 최소의 규모나 나무가 주는 원시성과 목재의 냄새는 떠올리는 것만으로도 동화적이다.

파리 남쪽의 몽파르나스 부근에 카바네라는 이름의 호텔이 있다. 프랑스어로 오두막이라는 뜻의 이름처럼 호텔 안에 오두막 한 채를 품고 있는데, 파리 한복판의 예외적인 장소라는 점에 끌렸다. 43개의 객실 중 유일하게 존재하는 오두막이 아이러니하게도 이 호텔을 상징하는 셈이다.

마레나 생토노레와 달리 몽파르나스에는 소박한 활기가 흐른다. 튀르키예 상인이 운영하는 시끌벅적한 과일 가게 바로 옆에 이웃한 호텔로 쓱 들어가 체크인을 하려는데, 주방에서 갓 구웠다며 애플 시나몬 케이크 한 조각을 접시에 담아 건네는 리셉션 직원 줄리앙. 마음을 스르르 녹이는 이런 접객에서 평가가 호의적으로 기우는 건 어쩔 수 없다. 콘셉트가 아닌 정겨움이 느껴지는 환영의 제스처는 마음을 빼앗기기에 충분하니까.

1970년대의 무드를 간직한 라운지 공간에도 자연스런 흐름이 느껴진다. 어느 집 거실의 코너가 재현된 듯 흰 부클 소파와 책장이 된 벽의 구조, 미셸 뒤카루아Michel Ducaroy의 토고

카나페는 흐른 시간만큼 가죽이 닳아 의젓한 존재감을 발한다. 창가 쪽의 마루에는 한 무더기의 LP와 턴테이블이 놓여 있는데, 당장이라도 니나 시몬의 리듬에 몸을 실어 뒹굴거리고 싶어질 만큼 감각을 느슨하게 풀어준다.

호텔 안쪽으로 숨어 들어간 비스트로 바의 유리창 밖 뒤뜰에 오늘의 은신처가 보인다. 저 방이 호텔의 하나뿐인 스위트룸이다. 외벽의 녹색 네온사인으로 반짝이는 'Cabane'라는 단어, 건물 벽을 타고 오르는 덩굴은 여전히 초록을 지탱하고 있다. 창 너머 사각의 나무 집은 어떤 비밀스런 사건이 벌어질 것처럼 고립의 분위기를 자아낸다. 르코르뷔지에가 자신을 위해 지중해가 내려다보이는 곳에 작은 나무 집을 지은 것처럼, 오두막은 훨씬 원시적인 쪽에 가까운 다른 종류의 유토피아다. 비에 젖은 낙엽들이 두텁게 쌓인 테라스를 지나 열쇠를 힘겹게 돌려 문을 열었다.

방은 전면이 나무 패널로 뒤덮여 있었다. 1960년대의 캘리포니아를 모티프로 삼았다는 직원의 이야기가 떠오른다. 임스의 파이버글라스 체어를 선두로 노란 패브릭 다이아몬드 체어, 벽에 걸린 조개 모양의 램프, 거기에 침대 옆에 매달린 로프 그네가 크지도 작지도 않은 방에 경쾌함을 더했다. 컴팩트한 빈티지 책상이 놓인 코너는 글 쓰는 사람을 잡아끄는 무언가가 느껴진다. 즉흥적인 필체가 발휘되어 어떤 글이라도 가볍게 써질 것만 같다.

호텔에 있되 홀로 숨어 있다는 기분이 들어 묘한 흥분이 인다. 문득 음악을 듣고 싶어 프랑스 라디오 채널 'Radio Classique' 앱을 켰다. 누구에게도 방해될 건 없기에 볼륨을 최대치로 올렸다. 마침 바흐의 칸타타 147번. 나무 패널 벽으로 섬세하게 흡음되어, 마치 밀폐된 녹음실의 진공 상태처럼 성악과 기악이 주고받는 화음이 이리저리 노니는 듯하다. 비로소 음악이 진짜 음악으로 들렸다.

데크 쪽의 슬라이딩 유리문을 밀어 활짝 열자마자 알싸하게 찬 공기가 달려들었다. 낙엽마저 모조리 떨어뜨린 나무 한 그루와 미니멀한 철제 의자가 사뮈엘 베케트의 연극 무대처럼 덩그러니 놓여 있는 정원까지가 내가 누릴 수 있는 영역이다. 오늘 아침까지 런던의 빅토리안 타운하우스 건물의 탐미적인 호텔에 머물고 있었다는 사실이 영 실감 나지 않는다. 확실히 파리는 도시의 어느 구석에서나 그 장소에 화답하는 예술적인 면모를 뽐낸다.

몽파르나스에는 언제나 내 그리움의 대상인 장소가 하나 있다. 부르델 뮤지엄이다. 모두가 미래를 희구하던 19세기에 고대 조각을 경외하며 그것을 부활시키고자 했던 앙투안 부

르델이 살며 작업했던 곳이다. 파리에 오면 꼭 들르는 고요의 장소다. 마침 이곳에서 가까워 작정하듯 산책하면 걸어서 도착할 수 있다. 활을 쏘는 헤라클레스의 늠름하고 아름다운 자태, 가장 곤고한 실존인 베토벤의 두상, 거대한 청동 조각이 놓인 정원의 속삭임이 마음속에 생생히 되살아난다.

내일 아침, 이른 조식을 먹고 서둘러 부르델 뮤지엄에 입장하리라. 그가 흙을 매만지고 돌을 깎아내며 수십 년을 보낸 시커먼 아틀리에서 그곳의 매캐한 먼지와 시간의 냄새를 느끼며 고요 속에 있고 싶다. 게다가 부르델의 딸 로디아^{Rhodia}의 이름을 딴 레스토랑도 문을 열었다고 하니, 그 노란 추상화 같은 공간에서 쇼콜라쇼 한 잔을 마셔야겠다. 베개에 얼굴을 파묻고 내일 만날 그곳을 생각하니 점점 기대에 부풀어 졸음은 한껏 멀어지고 눈만 껌뻑이게 된다.

www.orsohotels.com/hotel-cabane
76 Rue Raymond Losserand
75014 Paris, France

왕의 사냥터

Maison du Val-Les Maisons de Campagne

메종 뒤 발-르 메종 드 캄파뉴
생제르맹앙레

파리에서 서쪽으로 20킬로미터쯤 떨어진 곳에 생제르맹
앙레Saint-Germain-en-Laye라는 동네가 있다. 베르사유 궁으로 향
하는 길목에 위치해 예로부터 왕실의 패밀리와 궁에 드나든
귀족들이 살던 곳이다. 루이 14세가 태어나 베르사유로 옮겨
가기 직전까지 살았던 12세기의 성채, 샤토 생제르맹앙레도
여전히 이 지역을 굳건히 지키고 있다.

센 강 유역에 자리하고 있어 물이 풍부하고 전망 또한 유려
하다. 인상파 화가 카미유 피사로는 특유의 아로새기는 듯한
색채와 붓질로 생제르맹앙레와 근처 루브시엔의 전원을 즐
겨 그렸다. 풍광의 수려함은 베르사유 궁전의 엄격함에서 벗
어나고자 했던 프랑스 왕들의 또 다른 영지 샤토 마를리에서
도 드러난다.

잠시 파리에 거주했던 젊은 시절, 난 이따금 생제르맹앙레
를 찾곤 했다. 화가 모리스 드니가 살았던 집을 개조해 지은
뮤제 모리스 드니, 알렉상드르 뒤마가 처절한 집필을 위해 지
은 낙원 같은 은신처 샤토 몽테크리스토, 가을 녘의 소풍을
위해 찾았던 루브시엔…. 그곳들을 둘러볼 때마다 파리를 등
지고 고요한 자연과 예술을 만끽할 수 있는 이 동네의 풍경과
정서에 반하곤 했다. 한 번쯤은 살아보고 싶다는 마음과 함
께 이 동네가 품은 조용한 호텔이 있다면 며칠 머물고 싶다는

생각도 들었다. 어느 프랑스 작가가 글이 안 써질 때면 메종 뒤 발로 도피한다는 인터뷰를 읽은 뒤, 검색을 통해 그곳이 생제르맹앙레에 있는 샤토 호텔이라는 걸 알아냈다.

멀지 않은 날에 그 호텔로 향할 수 있었다. 파리와는 또 다른 프랑스적인 면모를 기대하면서 말이다. 우버를 타고 얼마 동안을 달렸을 때, 유유히 흐르는 센 강의 지류를 만났다. 규모가 압도적인 오래된 석조 주택들이 드문드문 보이기 시작했다. 그리고 마을 풍경이 서서히 자연 풍경으로 바뀌어갈 무렵, 저만치 숲 사이로 성 한 채가 나타났다. 드넓은 프랑스식 정원을 품은 클래식한 건물이다. 도심을 떠나니 호텔의 면모도 이렇게 장대한 차원으로 달라질 수 있구나.

2층의 객실 203호. 우리식으로는 3층인 셈이다. 옛 여인의 초상화, 삐거덕거리는 나무 바닥, 청동 손잡이가 달린 오래된 창문, 구조만 남은 벽난로…. 방은 옛 구조를 변형하는 바람에 여러 개로 각이 진 독특한 모습이었다. 창밖 정원에는 고깔 모양으로 다듬어놓은 초록의 관목들이 일렬로 늘어서 있고, 노랗게 단풍이 들기 시작한 수백 년 된 나무 아래에는 한 무리의 투숙객들이 한가로이 누운 채로 산들거리는 오후를 누리고 있었다. 젊은 아빠와 딸은 함께 페달을 밟으며 또르르 굴러가는 마차 같은 이인용 자전거 안에서 싱글벙글 웃고 있다.

이 성의 원래 이름은 샤토 뒤 발이었다. 앙리 4세가 지은 작은 사냥터 숙소가 시작이었는데, 루이 14세 때 건축가 쥘 아르두앙 망사르에 의해 샤토의 규모로 증축되었다. 이후 여러 가문이 소유하다가 1900년대에는 퇴역 군인들의 조합 별장으로 쓰이게 된다. 그리고 2021년에 메종 드 캄파뉴 그룹에 의해 4성급 호텔로 문을 열었다.

유럽의 호텔들이 가진 강력한 매력은 수백 년 전의 건축물을 활용한다는 점에 있다. 그 건축물의 역사에서 비롯된 유일무이한 이야기들이 호텔 스토리의 기저에 고여 있는 것이다. 오래된 성이나 귀족의 저택, 수도원, 심지어 백 년 전의 교도소에 이르기까지…. 역사 안에서 숨 쉬다가 그 기능을 상실한 옛 건물들이 새 시대를 만나 호텔로 변모되는 과정은 유럽의 호스피탤러티 산업●을 풍성하게 할 뿐만 아니라 먼 아시아의 잠재적인 고객까지 매혹시킨다. 히스토리를 추적하는 과정에서 왕들의 이름이 툭툭 튀어나오고 음악가, 화가, 문학가들의 장엄한 스토리가 샘물처럼 길러진다. 최고의 건축가가 막대한 자본을 투자해 별천지 같은 신축 건물을 짓는다고 해도, 『아라비안 나이트』처럼 끊임없이 재생되는 이야기와 켜켜이 쌓인 흔적의 시간을 대체할 수는 없을 것이다.

● 고객 만족을 최우선으로 두는 호텔, 레스토랑, 관광, 이벤트 분야의 서비스 산업을 일컫는다.

수영복 위에 가운을 걸쳐 입고 복도 끝의 별관 건물로 향했다. 숲의 초입에 설치된 스칸디나비안식 배스텁에서 반신욕을 해볼 요량이다. 물속에 머무는 느낌을 특별히 사랑하는 나는 여행의 공간이 제공하는 풀이나 온천, 각양각색의 배스텁에 망설임 없이 몸을 담그곤 한다. 누군가는 목욕하는 시간을 "모든 허구를 내던지는 유일한 시간"이라고 말했다.

둥근 나무통을 열어 발끝부터 천천히 물속으로 들어간다. 바짝 마른 낙엽들이 둥둥 떠다니긴 하지만 가슴까지 차오른 뜨거운 물은 제법 깨끗하다. 알싸한 숲의 냄새가 온몸으로 스며들었다. 일요일 오후라 모두 숲으로 트래킹을 떠났는지, 이 구역에는 아무도 없다. 숲으로 향하는 발자국 소리와 무리 지은 웃음소리가 멀어져 갈수록 홀로 있다는 사실이 더욱 자명해진다.

나른함 끝에 허기가 몰려왔다. 저녁 6시부터 오픈하는 에피타이저 음식이 궁금해 레스토랑으로 내려갔다. 식사까지는 아니어도 산뜻한 요깃거리가 되는 구운 새우, 삶은 소라, 거기에 여러 종류의 와인과 칵테일이 먹음직스럽게 차려져 있다. 바삭한 미니 번과 연어의 조화가 깔끔한 샌드위치도 훌륭하다. 별도의 지불 없이 맛볼 수 있는 몇 가지 음식들로 인해 호텔이 무언가를 후하게 베풀어준다는 기분이 든다.

메종 뒤 발에 머무는 건 '능동적인 휴식'을 취하는 것과 같다. 바람에 흔들리는 나무의 결을 바라보고 석양과 새벽의 빛을 음미하고, 맛있는 음식과 와인에 탐닉하는…. 그렇게 잠시, 파리를 뒤로해도 좋을 일이다.

www.lesmaisonsdecampagne.
com/maison-du-val
Route Forestière des Brancas
78100 Saint-Germain-en-
Laye, France

베네치아의 찬란함과 어둠이
공존하는 곳

Aman Venice

아만 베니스
베네치아

이것이 베네치아의 본모습인가 싶었다. 인파도 소란도 없는, 도시가 모든 스위치를 내려버린 것처럼 적막 속에 잠긴 도시. 코로나 바이러스는 베네치아에도 이렇게 예외적인 시절을 가져왔고 나 역시 힘들게 이곳에 왔다.

2월의 베네치아는 물의 도시가 지닌 차갑고 습한 공기와 뱃길 사이사이의 비릿한 냄새만 가득하다. 흐르는 물길의 느릿한 속도감, 미로 같은 골목, 천 년 전에 세워진 벽돌 건물들이 안개와 만나자 완벽한 연극무대의 한 장면이 된다.

여정의 목적지는 아만 베니스. 언제나 로컬리티를 극적으로 반영하는 아만답게 아만 베니스는 카날 그란데 산폴로 지구의 유서 깊은 팔라초를 선택했다. 다니엘리Danieli나 그리티Gritti 같은 쟁쟁한 호텔들 사이에서 아만 베니스는 2013년에 오픈한 이후 또 다른 아만의 전설을 써 내려가고 있다.

초연하게 세월을 품어온 팔라초는 휘날리는 갈색 깃발과 화려한 샹들리에, 수백 년 된 대리석의 색채까지 중후한 차분함을 품고 있다. 수상택시가 서서히 아만 베니스의 정면에 정박하자 기다렸다는 듯 직원이 나와서 손을 건넨다. 대리석 계단을 따라 잠시 도취된 기분으로 호텔에 들어선다.

16세기의 무역상이던 코치나 가문이 지은 이 궁전은, 19세기 중반에 파파도폴리 가문이 소유하면서 예술 가구 제작자

인 미켈란젤로 구겐하임에 의해 네오 르네상스와 로코코 스타일을 뒤섞어 새롭게 꾸민 대대적인 리노베이션이 이루어졌다. 그렇게 베네치아 최초의 엘리베이터와 전기 샹들리에가 설치된 궁전에는 릴케가 그토록 사랑했던 파파도폴리 정원도 남아 있다. 대리석 계단과 천장과 벽에 새겨진 부조들, 곳곳에 남겨진 티에폴로의 프레스코에는 찬란함과 어둠이 어스름하게 드리워진 듯하다.

5개의 스위트룸을 포함한 24개의 객실은 저마다 고유한 전망과 구조, 장식을 품고 있다. 그중 최고의 룸인 알코바 티에폴로 스위트Alcova Tiepolo Suite는 18세기 베네치아를 대표하는 화가 조반니 바티스타 티에폴로의 프레스코 천장화와 벽화가 그려진 방으로, 배우 조지 클루니가 아말 클루니와 로맨틱한 웨딩 나이트를 보낸 곳이기도 하다.

이곳에서의 밤은 내게 과분한 사치이기도 했다. 하룻밤을 위해 수백만 원을 지불하는 것이 애초부터 내 형편에 맞지 않았다. 그러나 대체할 수 없는 특별함, 특히 화려한 인테리어나 역사적인 장소라는 사실 외에도 눈에 보이지 않는 서비스나 투숙객으로서 느끼는 만족감의 정체가 무엇일지 못내 궁금했다. 그 짧고 응축된 경험을 위해 다른 지출과 소비를 포기하며 절약해 아만 베니스행을 오래도록 구상하고 기다려

왔다.

또각또각 소리를 만들어내는 계단을 따라 촛불들이 찰랑거린다. 마침내 그란 카날 스위트룸의 문을 열었다. 커다란 창 너머로 대운하가 펼쳐지는 환상적인 방. 부유한 이슬람 무역상들이 지은 탐미적인 옛 건물들이 즐비한 카날 그란데의 진기한 풍경이 눈에 들어온다. 힘겹게 위로 밀어 올려 고리로 고정해야만 하는 창문, 그건 하나의 퍼포먼스와도 같았다. 물길을 지나가는 배들의 행렬에서 유쾌한 뱃사람의 콧노래가 들려왔지만 이내 죽은 자의 검은 관을 싣고 흘러가는 작은 배도 보고 말았다.

새하얀 커튼과 테라초 바닥의 다채로운 컬러가 서로 화답하는 가운데, 침대 위로 붉은 석양이 드리워졌다. 섬 속의 또 다른 섬이 되는 시공간. 여기서 잠을 자고, 서로의 여행을 이야기하고, 책장을 넘기는 일은 뮤지엄에서보다 더 생경하게 다가왔다.

호텔을 층마다 둘러보려고 계단을 오르다가 중년의 남자와 마주쳤다. 놀랍게도 내 이름을 부르며 "선영, 당신을 기다렸어요. 환영해요. 난 아만 베니스의 총지배인이에요"라고 인사를 건네는 게 아닌가. 이어진 이야기가 더 놀라웠다.

"베네치아에 오기 전에 밀라노를 여행했다고요? 어느 호

텔에서 묵었나요? 밀라노엔 친구들이 많거든요. 혹시라도 필요한 게 있으면 연락해요. 내 휴대폰 번호로요. 밤 12시여도 상관없어요."

컨시어지와 가볍게 나눴던 나의 밀라노 여정을 그는 이미 숙지하고 있었던 거다. 게다가 휴대폰 번호까지 알려주면서 자신을 드러내는 건, 잘 알지 못하는 사이에서 일어나는 전혀 다른 차원의 관계 맺기 방식이 아닌가. 그것은 아만 베니스만의 남다른 면모이자 고유한 방식이었다.

해가 질 무렵 레스토랑 아브라^{Avra}의 창가에 앉았다. 문득, 이 팔라초 안의 모든 것들이 의심스러워졌다. 인간이 무엇인가에 감동하고 경탄하는 것에도 한계가 있는 모양이다. 최대치에 다다른 아름다움의 무결함 속에서 알 수 없는 불편한 감정이 몰려왔다. 물론 서울에서부터 나를 괴롭혀온 문제들이 여행지에서 마땅히 누려야 할 즐거움과 불일치를 이룬 것도 하나의 요인이었다.

'더할 나위 없이 좋은데 왜 행복하지 않지? 지금 내 마음처럼, 여기 있는 모든 것이 나와 맞지 않는 느낌이야. 이곳에 비하면 초라하기 그지없는 내 방의 작은 침대가 그저 그리울 뿐이야.'

결국 테이블에 앉아 이런 고백을 해버렸다. 이곳에 머물기 위해 들인 시간과 비용의 대가가 고작 내 안의 소박한 습성을 확인하는 것이었다니! 한편 그런 나 자신을 수긍하는 것으로 마음 한구석이 개운하기도 했다. 베네치아식 생선 튀김과 안초비 소스가 곁들여진 홍다랑어의 맛이 입 안에서 가볍게 맴돌았다. 그리고 도무지 설명할 수 없는 이 감정의 당황스러움 앞에서도 페기 구겐하임의 문장이 떠올랐다. 그때와 장소가 너무도 절묘했기에.

"아름다움에서 베네치아에 필적할 만한 것이 있다면, 바로 카날 그란데에 펼쳐지는 석양일 것이다."

일반적인 호텔의 개념을 뛰어넘어 자신만의 고유성을 품고 있는 '아만 베니스'는 여행자에게 시공간에 대한 새로운 감각을 선사할 뿐만 아니라 다른 차원에 머무는 자기 자신을 발견하게 만든다. 그것은 아티스트 올라퍼 엘리아슨 식으로 말하면, '감각하는 나 자신을 감각하는' 경험이다. 이 도시가 가진 진귀함과 매혹적인 어둠과 깊이를 헤아릴 때, 총체적인 베네치아를 만나는 데 아만 베니스만 한 곳은 결코 없을 것이다.

www.aman.com/hotels/
aman-venice
Palazzo Papadopoli
Calle Tiepolo 1364
30125 Venezia, Italy

윈터 원더랜드

Hotel
Stallmästaregården

호텔 스탈메스타레고르덴
스톡홀름

스톡홀름의 참모습은 겨울에 드러난다. 이곳에서 다른 계절은 겪어보지 못했지만 그건 하나의 확신이었다. 도시는 온통 동그랗고 노란 전구들이 알알이 불을 밝히고 있었다. 건물과 건물을 횡단하며 매달린 전구들의 반짝임…. 위용 있는 국립극장의 도리아식 기둥은 온통 푸른색 빛에 감싸여 있다. 투명한 크리스마스 장식과 눈 쌓인 거리 위로 또다시 흩날리는 눈. 이 화려한 일루미네이션은 유럽인들이 겨울을 살아내기 위한 절박함이 만들어낸 심리적 장치다. 저 빛들의 향연을 위안 삼아 어둡고 척박한 계절을 통과해내는 것이다.

아직 오후 4시도 채 되지 않았지만 북구의 겨울은 서둘러 밤 속으로 향한다. 영하 20도라는 살기 어린 추위에도 움츠러들거나 찡그리지 않는 당당한 스웨덴인들의 자태. 빨갛고 새파란 비니를 하나씩 눌러쓰고 거리를 활보하는 건장한 그들은 낙천적인 담담함으로 겨울을 상대하고 있는 듯했다. 첫날부터 나는 그렇게 환상적인 윈터 원더랜드에 홀렸다.

다행히 스톡홀름에서는 혼자가 아니었다. 나보다 두 시간 늦은 비행기로 파리를 출발한 친구 혜림과 중앙역에서 만나 평점이 썩 좋은 근처의 일본 식당에서 쇼유라멘을 먹고서 우리의 첫 호텔로 향했다.

시내에서 멀지 않은 거리, 버스에서 내려 길을 건너니 사진에서 봤던 노란색 목조 건물이 눈에 띄었다. 벽난로의 온기가 감도는 리셉션 쪽은 나직한 단층의 구조다. 나는 단층 건물이 주는 인간적인 스케일, 몸과 공간이 더욱 밀착되는 감각을 유난히 좋아한다. 눈부신 풍경의 브룬스비켄 만에 면하고 있는 스탈메스타레고르덴 호텔은 흥미로운 유래를 갖고 있다.

1645년 여왕 크리스티나는 우연히 지나가던 이곳의 풍광에 사로잡혀 여름 내내 사냥과 승마를 하며 밤에는 연회를 즐겼다. 여왕이 이 지역을 총애한다는 소문이 시민들에게 퍼지자 에베 호칸손이라는 발 빠른 상인이 펍이 딸린 숙소를 차렸다. 그것이 스웨덴 최초의 여관이었으며, 스탈메스타레고르덴 호텔의 기원이 되었다.

복도를 지나 중정 뒤편 3층의 객실로 들어갔다. 특별히 요청한 복층 구조의 스위트룸인데, 1층의 거실과 2층의 침실로 구분된다. 푸른색 소파와 테이블, 작은 책상이 높다란 창가에 놓여 있는 방은 해변가의 작은 별장처럼 여유와 낭만이 묻어난다. 친구를 배려하고픈 마음으로 공간이 분리되는 방을 예약했건만 가파른 계단을 오르내리는 일이 꽤 번거롭기도 하다. 다행인 점은 2층에도 작은 욕실이 있어서 두 사람이 한 방을 쓰기에 불편하지 않다는 것.

샤워하고 나온 그녀가 앙증맞은 비타민을 건네준다. 든든

한 동행자와 내일 들러볼 우드랜드 공원묘지에 대한 얘기를 나눈다.

"군나르 아스플룬드의 건축은 처음이라 살짝 떨리기까지 해. 북유럽의 신화적인 면모가 기대되면서도 전혀 가늠할 수 없는 곳이야."

스웨덴 건축가 에릭 군나르 아스플룬드Erik Gunnar Asplund와 시그루드 레베렌츠Sigurd Lewerentz가 1940년도에 완공한 사유와 기억의 공간으로서의 묘역, 공교롭게 그녀도 나도 스톡홀름에서 가보고 싶은 곳 일순위가 이 우드랜드였다. 그 누구와 묘지 건축의 아름다움을 기대하며 함께 설렐 수 있을까? 그녀와는 늘 순조롭게 취향의 일치를 이룬다. 따스한 방의 온기를 온전히 누리며 한밤의 깊은 이야기와 뜨거운 루이보스 티 그리고 아득한 잠이 차례로 이어졌다.

눈을 뜨자마자 보이는 건 쏟아지는 눈발이었다. 어젯밤 테이블마다 촛불이 너울거리던 레스토랑으로 내려갔다. 아침까지도 여전히 황동 촛대 위의 촛불은 꺼지지 않았다. 어둡지만은 않은 회색조의 실내가 덴마크 화가 빌헬름 함메르쇠이의 그림을 떠올리게 한다. 창가 자리에서 얼어붙은 해안을 바라본다. 세찬 눈이 내리는 풍경은 새하얀 반투명 종이를 투과

한 세상의 실루엣 같다.

거대한 테이블에 차려진 아침은 오랜만에 만나는 뷔페식인데, 한눈에도 정성껏 준비한 음식이라는 걸 알 수 있다. 감동스런 아침이다. 마치 조식으로 고객의 마음을 빼앗겠다는 듯 다채로운 메뉴와 섬세한 구성 그리고 아름다운 플레이팅이 눈길을 사로잡는다. 시각과 후각이 발동되자 기분 좋은 식욕이 올라왔다.

무엇보다 이곳에서만 만날 수 있는 스웨덴식 시나몬 번, 오버나이트 오트밀(오트밀에 오트밀크를 부어 하룻밤 냉장고에서 재워둔 것)이나 치아 푸딩(치아시드를 밤새 불려 푸딩처럼 만든 것)에서는 어떤 부심마저 엿보인다. 음식을 따듯하고 신선하게 유지하기 위해 직원들은 끊임없이 접시와 냄비를 새로 바꾸며 바지런히 움직인다. 요거트에 올리는 씨앗과 견과류의 종류는 거의 식료품점 수준이고, 치즈도 다양하다. 탁월한 솜씨로 준비한 성대한 북구식 아침 식사 덕분에 무려 두 시간을 테이블에 머물렀다.

밖으로 나갈 채비를 하는데 눈보라가 더욱 거세져만 간다. 오늘의 행선지가 황량한 공동묘지라서 쉽사리 발길이 떨어지지 않았지만 이대로 주저앉을 수는 없다. 창밖으로 한 남자가 눈보라 속에서도 개와 함께 가볍게 뛰어가는 모습이 보였다. 나도 스웨덴 사람들처럼 눈과 바람을 담대하게 맞으며 오늘을 보내야 한다. 어제 백화점에서 구입한 두툼한 녹색 비니를 눌러쓰고 나가 아직 발자국이 찍히지 않은 눈밭을 꾸욱 눌러 밟았다.

https://www.
stallmastaregarden.se
Stallmästaregården
Norrtull
113 47 Stockholm, Sweden

클라라라는 누구였을까?

Miss Clara by Nobis

미스 클라라 바이 노비스
스톡홀름

    Miss Clara! 발음을 거듭할수록 누군가를 부르는 애틋한 외침에 가까워진다. 어떤 연유로 이 호텔의 이름이 된 걸까? 궁금증을 불러일으키는 것만으로도 탁월한 네이밍이다. 호텔 건물이 1910년부터 40년 동안 진보적인 가톨릭 여학교로 사용되었다는 정보만 알고 체크인을 했다. 늘상 대면하기를 선호하는 나는 더 많은 이야기를 직원을 통해 듣고 싶어진다.

    "미스 클라라라는 이름은 1910년 아테네움 여학교의 초대 교장이었던 클라라 스트룀베리Clara Strömberg에서 왔어요. 클라라는 여학생들에게 성교육을 하거나 체력 단련 수업을 진행할 정도로 시대를 앞서간 여성이었죠. 이 호텔의 기원에 그녀의 열정적이고 선구자적인 태도가 반영되었다는 걸 강조하고자 호텔 이름으로 사용하고 있어요. 발레리나 룸에서 커피나 티를 한 잔 하시겠어요?"

    라운지를 발레리나 룸이라 부르는 건, 예전에 발레 수업을 하던 곳이기 때문이라는 흥미로운 사실도 알게 됐다. 이내 알바 알토의 플로어 램프 뒤로 발레 댄서들의 포즈를 극적으로 포착한 사진이 걸려 있다는 걸 알아차렸다. 호텔이 오픈한 건 2013년, 스웨덴 건축가 예르트 빙고르드Gert Wingårdh가 학교를 호텔로 개조하는 리노베이션을 담당했는데 메탈 난간이 강조된 넓은 계단과 건물 입구의 석조 부조, 객실마다의 아치

형 창은 건물의 오리지널리티인 아르누보의 흔적으로 남겨두었다.

어쩐지 이 호텔과 더 가까워진 것 같은 느낌을 안고 객실에 들어섰다. 커다란 창문 너머로 눈이 내려앉은 스베아베겐Sveavägen 거리의 분주함과 아돌프 프레드릭스Adolf Fredriks 교회 첨탑이 차례로 눈에 들어온다. 테이블 위에 웰컴 카드와 함께 놓인 자그마한 녹색 박스를 열어보았다. 스웨덴의 유명한 수제 캐러멜 브랜드 펠란스Pärlans의 바닐라 솔트 캐러멜이 들어 있다. 가지런히 들어 있는 열 개의 캐러멜은 마치 하나하나가 저마다의 사연을 가진 물건 같다. 시각적인 귀여움이 맛의 달콤함으로 이어지는 사랑스런 순간이다.

방이 주는 인상은 흑백의 대조로 인해 명료하다. 짙은 색감의 헤링본 무늬 바닥은 벽의 하부 높이까지 올라왔고(정확히는 매트리스의 높이와 절묘하게 맞췄다), 새하얀 벽과 가벼운 커튼이 공간을 수수하게 만들어준다. 공들였으되 과시적이지 않은 느낌이랄까. 게다가 욕실의 문과 벽은 온통 유리로 이루어져 보는 것만으로도 날아갈 듯 가벼워진다.

이 호텔을 택하는 데 결정적인 역할을 한 침대 풋보드에 매달린 둥그런 구조물을 쓰윽 만져본다. 내내 궁금했던 이 구조물의 정체는 무엇일까? 마치 토네트 체어의 등받이 부분처럼 보이는 구조는 두 사람이 침대의 헤드와 풋에서 서로 마주 앉아 이야기를 나눌 수 있도록 만든 디자인이라고 한다. 미하일 토네트에 대한 오마주라든가 그저 장식적인 요소라고 해도 쉽게 납득했을 것이다. 그런데 늘 나란한 방향으로 눕게 되는 침대에서, 마주 보는 방향을 유도한 발상이라니! 이 다정하고 재치 있는 아이디어는 과연 누구에게서 온 것일까? 이 모티프는 크고 작은 모든 객실의 침대 끝에 걸려 이 호텔을 하나로 아우른다.

따듯한 차가 당기던 차라 리셉션에서 직원이 했던 얘기가 생각났다.

"티나 커피가 필요하면 전화해주세요. 전기 주전자와 티세트를 모두 가져다 드릴게요."

그러면서 그는 모든 객실을 미니멀한 디자인으로 유지하기 위해 티세트를 일부러 룸에 두지 않았다는 설명을 덧붙였다. 비품들을 눈에 보이게 두면 디자인 콘셉트에 방해가 되기 때문일 테다. 요즘의 호텔들은 디자인을 강조하는 흐름에 따라 점차 객실 내에 비치하는 비품들을 간소화하는 추세다. 그러니 필요한 것이 있으면 따로 요청하거나 문의를 해보는 것이 현명하다. 간혹 객실에 슬리퍼가 보이지 않는 경우도 있는데, 그럴 때는 당황하지 말고 프런트에 요청해보자.

북유럽의 호텔이 주는 가장 만족스런 서비스는 아늑한 사우나다. 나는 사우나보다 반신욕을 더 선호하긴 하지만, 오늘 느끼는 피로의 종류를 생각할 때 사우나가 더 제격일 것 같다. 가운을 입은 채로 엘리베이터를 타고 지하에 내려갔다. 알싸한 풀 냄새와 부드러운 목재의 결을 보니 사시나무가 틀림없다. 몸 안팎이 동시에 데워지는 기분이 좋다. 낮 동안 거닐다 온 시그루드 레베렌츠의 성 마르코 교회의 풍경이 떠오른다. 성글게 쌓은 벽돌 사이사이에 모르타르를 발라 채운 원시적인 벽면과 눈 쌓인 대지의 의연한 자작나무 풍광이 거기 있었다. 그곳이 하나의 진정한 경험이 되기 위해서는 오늘로부터 얼마만큼의 시간이 더 필요할 것이다. 종일 눈길을 걸어 다니느라 긴장했던 근육들이 느슨하게 풀리기 시작한다.

가끔은 체크아웃을 하다가 직원과 대화가 길어지기도 한다. 호텔은 질문이 많은 투숙객에게 관심이 많은 법이다. 어제도 내 궁금증에 친절히 답해준 칼이 어떤 이야기를 더 들려주고 싶은 눈치다.

"무엇보다 이 공간에서 중요한 건 여자예요. 그래서 여자 직원들이 훨씬 화려한 옷을 입고 반면에 남자들은 튀지 않게 캐주얼한 차림을 하죠. 일종의 제스처예요. 남자는 이 공간에서 부차적인 존재이고 더욱 빛을 받아야 할 사람은 여자라는 걸 강조하는 겁니다.”

　백 년 전의 진보적인 여학교였다는 아이덴티티를 그들 나름의 내러티브로 만들어내는 재치, 그와 친밀해지지 않았더라면 몰랐을 이야기였다. 브랜드 혹은 서비스 제공자 입장에서 스토리텔링에 대한 과욕을 덜어내고 되레 고객에게 발견의 여지를 주는 방식이야말로 브랜딩의 또 다른 차원이 아닐까? 슬며시 함구함으로써 브랜드와 고객이 고유한 관계를 형성할 수 있는 여지를 만드는 것 말이다. 탁월한 면면을 힘주어 전달하는 직접적인 마케팅에 비해 무척 섬세하고 은유적인 접근법인지도 모른다. 더욱 영리한 공력을 요구하는 방식임은 분명하다. 스스로의 의지로 이야기를 들춰내 브랜드의 본질과 더욱 사적인 애착 관계를 맺는 순간은 고객에게 새로운 종류의 즐거움을 선사한다.

www.missclarahotel.com
Sveavägen 48
111 34 Stockholm, Sweden

아름다움의 최대치

Ett Hem

에트 헴

스톡홀름

벨을 누르고서 말했다.

"예약한 투숙객입니다."

잠시 후, 묵직한 나무 문을 열고 리넨 앞치마를 두른 직원이 미소를 지으며 나왔다. 이 문을 훌쩍 넘어서고부터 나는 저 안에서 내내 환대받는 존재가 될 것이다. 알렉산더 맥퀸을 닮은 직원은 내 캐리어를 번쩍 들고는 가볍게 계단을 올라가 현관문을 열어준다. 호텔이라기보다 초대 받은 집으로 들어서는 느낌에 가깝다. 장작이 타오르며 내뿜는 우디하고 쌉쌀한 내음, 바깥의 추위만큼이나 덥석 다가오는 실내의 온기가 반갑다.

호텔 이름 에트 헴은 스웨덴어로 '집'이란 뜻이다. 1910년에 지어진 이 건물은 당시 정부 관리직에 종사하던 부부가 자신들의 취향을 한껏 담아 지은 타운하우스였다. 이 집이 특별한 건, 당시 부부와 각별했던 예술가이자 컬렉터인 칼 라르손 Carl Larsson의 예술적 감수성과 삶의 태도가 곳곳에 묻어난다는 점이다. 촘촘히 쌓은 적벽돌 외관과 스투코(석회)로 마감된 천장, 예전에는 칼 라르손의 작품들에 할애되었을 벽면의 우아함에서 그 면모가 드러난다.

에트 헴은 지난 2012년, 오랜 기간 호텔리어로 활약한 지넷 믹스 Jeanette Mix가 인수해 오픈했다.

"'무엇이 우리를 집처럼 느끼게 하는가?'라는 질문은 공적인 것과 사적인 것을 모호하게 만드는 이 호텔의 설립 동기가 되었어요. 개성을 강조하면서 동시에 현대 여행자들이 요구하는 모든 서비스를 제공해야 하는 미션이 공존했죠. 백 년 전의 집을 호텔로 만드는 과정은 섬세하면서도 창의적인 여정이었어요."

리셉션은 딱히 공간적인 형식을 갖추지 않았다. 티크 목재의 벽 선반이 달린 리빙룸의 책상에 느슨히 마주 앉아 체크인을 한다.

"직원들이 모두 앞치마를 두르고 있는 이유가 있나요?"

사인을 하며 슬며시 궁금함을 내비쳤다.

"손님들이 집처럼 편안한 느낌을 갖도록 우린 너무 포멀한 정장이 아닌 캐주얼한 스웨덴 브랜드 토템Toteme의 옷을 입기로 했어요. 그런데 손님들이 누가 직원인지를 헷갈려 하는 거예요. 그 이후로 우리끼리의 사인처럼 앞치마를 두르기 시작했죠."

재치 있는 대답이었다. 곧장 방으로 올라가지 않고, 라운지에 앉아 웰컴 티를 천천히 마셨다. 공간에 대한 첫인상을 되새기고 싶을 때가 있게 마련이다.

핀율의 펠리컨 체어, 이사무 노구치의 새하얀 종이 램프,

한 무리의 가족 투숙객들이 남기고 간 어질러진 커피 잔들, 그리고 피에르 폴랭의 F444 체어 두 개가 코너에 놓여 있다. 실내엔 의도적인 어둠이 깔려 있지만, 경쾌한 컬러로 일렁이는 회화들이 자칫 북구의 어둠 속으로 가라앉을 법한 분위기에 생동감을 실어준다. 정연하게 쌓인 라이브러리의 책들, 적확한 위치의 조명이 만들어내는 조도의 절묘함, 우드-레더-벨벳으로 이어지는 진실한 소재들의 어우러짐 속에서 디자인의 농밀함 같은 것이 느껴진다.

이쯤 되니 방의 모습이 더욱 궁금해진다. 2층으로 올라가 묵직한 열쇠로 10호의 문을 연다. 새하얀 침대와 보르게 모겐센의 가죽 소파, 창가에 놓인 롤탑 욕조가 눈에 띄는 스위트룸이다. 입구의 코너에는 타일을 쌓아 만든 옛 난로가 한 무더기의 장작과 함께 놓여 있다. 마치 화덕처럼 생긴 난로는 언젠가 박물관에서 보았던 것 같은 모양새다. 건물 전체가 시스템 난방이 아닌 모양인지 한기가 느껴졌다.

'난로의 불을 지피려면 리셉션으로 전화해주세요. 직원이 올라가 도와드릴 겁니다'라는 메모를 보고는 곧장 수화기를 들었다. 잠시 후, 성냥과 불쏘시개용 신문지 몇 장을 든 직원이 나타나 난로 안에 불씨를 만들어주었다. 그녀는 꽤 능숙하게 종이와 나무껍질에 불을 붙이고, 적당한 때에 장작 두어

개를 던져 넣었다. 따뜻함을 만들어내려는 행위의 능동성….
활활 타는 장작의 무게만큼 방에는 금세 온기가 퍼져 나갔다.

난롯가에 쭈그리고 앉아 불의 기세와 곧 시커멓게 재가 되
고 마는 장작들을 바라본다. 나는 이 시대가 쉽게 허용하지
않는 행위와 장면에 유독 끌린다.

밤이 일찍 찾아오는 도시에서는 저녁 식사를 서두르게 된
다. 미리 예약해둔 1층의 레스토랑으로 내려갔다. 키친 조리
대를 바라보는 커다란 테이블 자리를 택했다. 그날의 가장 신
선한 재료로 선보이는 메뉴들 중에 끌리는 몇 가지를 주문했
다. 바쁜 몸놀림의 셰프들과도 이따금 눈을 마주칠 수 있는
자리여서 기다리는 시간이 꽤 즐거웠다. 마치 친한 친구 집의
아일랜드에 앉아 그가 내어줄 요리를 기다리는 것과 흡사했
다. 맑은 치킨 수프의 따끈함에 이어지는 시금치 라비올리의
고소함, 레몬을 올린 아귀 구이의 탱글탱글한 식감…. 스톡
홀름에서의 마지막 밤이라는 사실이 이 저녁을 더욱 애틋하
게 만들었다.

엘리베이터 대신 브라스 난간이 멋진 계단을 따라 방으로
올라왔다. 난로에 불씨가 미세하게 남아 있어 방 안의 온기가
아직 가시지 않았다. 재빨리 욕조에 뜨거운 물을 채웠다. 바
스 솔트와 오일을 한 움큼 넣고 몸을 담갔다. 보름 남짓한 여

행의 피로가 스르르 날아가는 듯했다. 눈으로 덮여 새하얗게 된 박공지붕의 벽돌 건물들이 창밖으로 펼쳐졌다. 어디서부터 시작됐는지 모를 개들의 짖는 소리도 울려 퍼졌다.

　방 안을 천천히 둘러본다. 찻잔들을 확대해 그린 극사실주의 회화, 침대 곁을 밝히는 작은 조명들, 무엇보다 욕실을 뛰쳐나와 창가에 자리 잡은 이 커다란 욕조가 방의 정취를 더한다. '집처럼'이라는 테마를 내걸었지만, 집처럼 느끼기에는 모든 것이 완벽하게 아름답다. 욕실은 세면대와 변기마저 대리석이고 수건걸이는 황동으로 만들어졌다. 소파 위의 담요는 접은 각도마저 치밀하게 계산한 듯하다. 좋은 것이 너무 많다는 기분이 이런 걸까? 감각의 포화감 같은 것이 느껴진다. 온통 최고급인 것들 틈에서는 의자의 섬세한 팔걸이나 작은 스푼의 곡선 같은 본질을 제대로 보기 어렵다. 물론, 발을 들이는 순간부터 떠날 때까지 손님을 '감동시키겠다'는 의지로 무장한 호텔에 대해서는 감탄하지 않을 재간이 없다.

https://www.etthem.se
Sköldungagatan 2
SE 114 27 Stockholm, Sweden

예술이 없는 방은
상상할 수 없어요

Hotel Château Royal

호텔 샤토 로얄
베를린

"드디어 TV가 없는 호텔을 만났어! 누군가 내 맘을 알아준 것처럼 감격스럽기까지 해."

친구에게 호들갑스러운 메시지를 보냈다. 체크인한 방 벽면에는 TV 대신 딥티크 타입의 사진 작품이 걸려 있었다. 그것도 TV가 있어야 할 자리에 보란 듯이 말이다. TV를 과감하게 없앤 것뿐만 아니라 TV를 조롱하듯 예술 작품을 걸어둔 제스처가 마음에 들었다.

흥분을 가라앉히려 둥근 라운지 체어에 앉아 카모마일 티를 천천히 들이켰다. 지붕의 구조에 따라 사선으로 나 있는 창밖으로 끊임없이 눈이 내리고 있었다. 어둡게 깔린 헤링본 패턴의 바닥, 욕실로 이어지는 청록색 대리석과 타일은 베를린의 부유했던 옛 시절을 재현한 것일까?

침대 끝에 놓인 패브릭 베드 벤치의 낭만적인 정취를 음미하다가 모서리 부분의 이음새에 시선이 꽂혔다. 안에 수납이 가능한 건가 싶어 슬며시 열어봤다. 아뿔싸! 그 안에서 TV가 튀어나왔다. 벤치 좌판에 모니터가 달려 있어서 그걸 열어 세워두면 침대에 누워 TV 시청이 가능한 구조였던 것. 순간 바닥에 주저앉았다. 그리고 실소가 터졌다. 실소의 의미는 제대로 속았다는 기분과 속았지만 기분 좋을 만큼 영리한 호텔의 발상에 대한 탄복이었다. 최근의 호텔에서 TV는 확실히 요물

단지가 되어가는 듯하다. 어쨌거나 이 호텔과 나는 TV에서 만큼은 이심전심이었던 거다.

샤토 로얄은 2022년에 문을 연 베를린의 따끈한 디자인 호텔이다. 베를린 아티스트들의 아지트로 자리매김한 레스토랑 그릴 로얄Grill Royal의 슈테판 란트베어Stephan Landwehr가 호텔 오너로, 샤토 로얄은 자연스럽게 컨템퍼러리 아트를 모티프로 탄생할 수 있었다. 란트베어는 "예술이 없는 방은 상상할 수 없어요"라고 말한다. 호텔은 그의 아티스트 크루들의 백여 점이 넘는 작품들로 채워졌고, 그 면모는 입구에서부터 확인된다.

호텔 밖 도로에는 알리시아 크바데Alicja Kwade의 청동 조각 〈유령의 초상화〉가 서 있다. 방문을 열고 들어서면 벽 모서리에서 그레고어 힐데브란트Gregor Hildebrandt의 고요한 기둥을 만나게 된다. 시몬 후지와라Simon Fujiwara의 맹랑한 회화, 코지마 폰 보닌Cosima von Bonin의 거대한 콜라주, 만들라 로이터Mandla Reuter의 청동 조각상이 아늑한 바와 레스토랑으로 이어진다. 구석구석 공간의 맥락이 잘 반영된 듯 흐름이 자연스럽다. 한마디로 절묘함과 무심함이 아슬아슬하게 줄타기를 한다. 게다가 붉은 커튼이나 초록 벨벳 의자 같은 인테리어에서 파리를 연상케 하는 요소도 키치적인 느낌을 교묘히 피해 간다.

"레스토랑 안쪽의 커다란 램프는 누구의 작품인가요?"

"클라라 리덴Klara Lidén일 겁니다."

리셉션의 직원이 주저 없이 대답한다. 질문을 계속 이어 가니 그는 두툼한 파일 한 권을 꺼내주었다. 호텔 안에 설치된 모든 작품들의 위치와 아티스트의 이름을 망라한 아카이브였다. 그는 이렇게 덧붙였다.

"원한다면 내일 오전에 룸 투어를 해드릴 수 있어요. 손님이 꼭 봐야 할 몇 개의 흥미로운 방들이 있거든요."

이미 아트와 호텔의 공생은 보편적인 흐름이 되었지만 샤토 로얄의 방식은 한층 진보적이다. 일방적으로 말하기보다 호기심을 불러일으키는 쪽에 가깝달까. 아트 콘셉트를 노골적으로 드러낸다든가 뻔한 마케팅 요소로 끌어들이는 방식에서 한참 빗겨나 있다. 저 묵직하고 낡아빠진 아티스트 파일을 통째로 건네는 품새만 봐도 그렇다. 홍보를 작정했다면 아이패드로 일목요연하게 보여주거나 객실마다 브로슈어를 비치하는 전략을 택했을 텐데 말이다.

하지만 이들은 차원이 좀 다르다. 고객이나 외부에 '아트' 콘셉트를 호소하기보다 아티스트 친구들과 친밀하게 기획을 도모하고, 그렇게 구현된 공간을 함께 향유하면서 호텔 본연의 자세로 성실하게 손님을 맞이한다. 스스로 만족하는 것에 더 가치를 두는 우아한 태도다. 물론 궁금해하는 고객에게 도움이 되는 뒷얘기를 기꺼이 들려주는 친절도 잊지 않는다.

다음 날 이른 조식을 먹고, 자신을 나오미라고 소개한 직원을 따라 룸 투어를 시작했다. 계단을 오르며 그녀의 설명을 들었다.

"이 건물은 원래 비밀경찰 스파이의 본부였어요. 옆의 다른 두 건물과 통합하는 과정에서 간격과 단차를 없애는 과제가 있었는데, 그걸 데이비드 치퍼필드가 해결했죠."

그녀의 입에서 건축가 데이비드 치퍼필드David Chipperfield의 이름이 나오리라고는 예상하지 못했다. 치퍼필드는 건축가의 존재가 드러나지 않는 프로젝트에도 기꺼이 헌신하는 미덕을 알았던 게 분명하다. 그녀가 408호의 문을 열었다.

"알리시아 크바데 룸이에요. 그녀가 호텔의 프로젝트를 특히 즐거워했죠."

알리시아 크바데는 돌, 거울, 시계 같은 재료로 낯선 상황을 만들어내 보는 관점에 따라 사물과 세상이 다르게 인식될 수 있는지를 질문하는 아티스트다. 빈 객실이지만 어쩐지 타인의 방을 침범한 것 같아 조심스럽다. 푸른 벽에는 작동을 멈춘 시계가 걸려 있고, 천장에는 난데없이 작은 열쇠 꾸러미가 매달려 있다.

그리고 기이한 의자 하나! 의자의 네 다리 아래 구 형태의 행성이 간신히 끼여 있다. "의자에 앉는 것은 행성 위에 앉는 것과 다르지 않다"라고 크바데가 인터뷰에서 했던 말이 떠올랐다. 우주적인 스케일의 현실 인식이랄까.

창문에는 검은 돌조각 하나가 덩그러니 매달려 있다. 재료의 물리성에 예술가의 책략이 더해진 풍경이다. 호텔에서 경험하는 예술은 갤러리나 뮤지엄에서보다 한결 친밀하고 우연적이다. 호텔이라는 시공간 속에서 예술이 또 다른 차원의 우회적인 맥락을 만들어낼 수 있으니 말이다. 샤토 로얄은 아트와 호텔의 결합을 창조적인 궤도로까지 올려놓은 것처럼 느껴졌다.

www.chateauroyalberlin.com
Neustädtische Kirchstrasse 3
10117 Berlin, Germany

의문의 장기 투숙객

Carlotta Apartments

카를로타 아파르트멘트
베를린

호텔을 여행한다고 하면 사람들은 내가 호사를 누리는 줄로만 알고 부러워한다. 물론 나름의 즐거움과 묘미가 있다. 그렇다고 그저 누리기만 하는 만만한 일도 아니라는 것을 전하고 싶다. 매일 또는 이틀에 한 번씩 짐을 싸 들고 호텔을 옮겨 다니고, 사이사이 비행기로 도시 간 이동을 감행하는 것 자체도 에너지 소모가 크다.

호텔을 '경험'해보려는 나름의 의도가 있다 보니 마냥 쉴 수만도 없는 노릇이다. 체크인을 하는 순간부터 호텔의 첫인상, 직원들의 응대 방식, 객실 키 디자인까지 민감하게 살펴볼 수밖에 없는 일종의 '관찰자' 모드가 장착된다. 당장 쓰러질 것처럼 피곤해도 객실 사진부터 찍어두어야 할 때도 있고, 침구를 정리해놓은 방식, 옷장 안의 비품 구성, 목욕 가운과 타월의 퀄리티에 이르기까지 의도하지 않아도 이전 호텔과의 차이점이나 유사점을 저절로 발견하게 된다. 좋아서 하는 일이니 이 모든 걸 감수하지만, 때로는 호텔을 전전하는 시간이 고되고 외롭게 느껴질 때도 있다.

베를린의 카를로타 아파르트멘트, 이곳은 나의 호텔 리스트 중에서도 매우 예외적인 곳이다. 이름에서도 드러나듯 일반적인 호텔과는 개념이 사뭇 다른 장기 투숙객을 위한 아파트다. 이곳을 알게 된 건 바로 옆, 교도소를 개조한 빌미나 호텔에 묵고 있을 때였다. 루프탑에 올라가니 맞은편의 각진 파사드가 인상적인 콘크리트 건물이 눈에 띄었다. 홍보 담당자 얀의 말로는 빌미나 호텔이 함께 운영하는 장기 투숙용 호텔로 최소 사흘 이상이어야 숙박이 가능하다고 한다.

카를로타 역시 빌미나 호텔을 섬세하게 되살린 그륀투흐 에른스트 아키텍처의 신축 건물이라는 점도 사뭇 신선하고 궁금했다. 그들은 카를로타 프로젝트에 대해 "과거의 건축 유산을 일부 지우고 새로운 서사를 써 내려갈 도심 속의 파피루스"라고 표현했다. 장기 투숙객을 위한 공간에서는 무엇을 강조했으며 빌미나 호텔과는 또 어떻게 다를까? 한편으로는 며칠쯤 자극이 없는 곳에서 밀린 일을 하며 여행을 쉬어 가고픈 마음도 있었다. 빌미나의 체크아웃 날짜에 맞추어 카를로타를 예약했다.

빌미나에서는 카를로타의 발코니가 훤히 보이더니 카를로타로 건너오니 오래된 벽돌 건물에 뒤덮인 담쟁이덩굴이 한 폭의 풍경화로 펼쳐진다. 120년의 시간 간격이 있는 두 건물이 마주 보고 서로의 이야기를 주고받는 듯한 형국이다. 이 모티프가 건축의 출발점이 되었을 것이다.

내가 택한 Loft80 타입 객실은 침실, 거실과 주방, 욕실, 운동을 해도 될 만큼 커다란 발코니를 갖추고 있어서 한국의 아

파트 크기만 하다. 공간이 넓어진 만큼 이곳에서 보내는 시간
도 한결 느슨하고 편안하다. 가벼운 요리를 할 수 있고, 세탁
실과 무인 택배함은 물론 지하에는 널찍한 주차 시설도 갖추
고 있다.

　호텔이 스토리를 기반으로 응축된 경험을 유도한다면, 아
파트는 실용적인 편의 제공에 더욱 무게를 둔다. 확실히 장기
투숙의 방점은 '낯선 곳으로 잠시 이동한 집'이라는 콘셉트
에 있는 듯하다. 여행자보다는 도시를 이동하며 일을 해야 하
거나 얼마 동안 한곳에 머물며 생활할 필요가 있는 이들에게
적합하다. 튀지 않는 디자인의 목재 가구들과 그레이 톤의 소
파, 새하얀 침구와 커튼의 미니멀한 인테리어도 제법 집 같은
기분을 느끼게 하는 요소다. 콘크리트를 그대로 드러낸 벽,
천장에서 바닥 레벨까지 유리 스크린으로 이어진 발코니는
건축적인 여백을 보여준다. 이곳에서 과거 교도소였던 호텔
빌미나를 바라볼 때 시시각각 달라지는 감정은 자꾸만 발코
니에 머물도록 하는 카를로타만의 모멘트이자 절정이었다.

　닷새 동안을 여기서 지냈다. 이동 없이 한곳에 머무니 여행
의 리듬도 달라졌다. 소파에 앉아 마음속에 쌓이는 몽글몽글
한 말들을 떠오르는 대로 끄적거리고, 아침이면 근처의 리첸
제 호숫가를 한 바퀴 돌아 걸었다. 밤에는 근처의 130년 된 바

에서 낡은 피아노를 연주하는 동네 할아버지를 만나기도 했다. 얼마간 페스탈로치슈트라세^{Pestalozzistraße}에 사는 베를리너가 된 것 같았다. 신축 건물의 쾌적함과 편안함은 여행의 긴장을 누그러뜨리고 기운을 회복시켜주었다.

이틀을 함께 지낸 후배가 이런 말을 한다.

"대부분의 호텔들이 '집 같은$^{like home}$' 콘셉트를 강조하는데, 사실 이곳이야말로 진짜 '집 같은 곳'이 아닐까요?"

우리 둘은 한국의 온돌방 같은 뜨끈한 바닥에 앉아 한 무더기나 되는 귤을 까먹으며 하염없이 수다를 떨었다. 1층의 카페와 필라테스 스튜디오는 카를로타 투숙객뿐만 아니라 동네 주민들의 발길이 끊임없이 이어지는 곳이다. 그렇게 로컬과 한껏 뒤섞일 수 있는 것 또한 이곳의 특별한 매력이다.

카를로타에서 하루는 온종일 쏟아지는 눈을 보았다. 겨울의 베를린은 처음인 내게 그날은 하나의 진한 자국을 남겼다. 짝사랑에 빠진 사람처럼 발그레한 볼을 하고서는 도시를 보고 걸으며 끝없이 내리는 눈과 함께 거리에 있었다. 커다란 도로와 선이 굵은 건물들, 바짝 마른 의연한 나무들은 아무래도 겨울의 정서와 더 가까운 풍경이었다.

알싸한 추위와 도시에 깔린 회색 빛깔의 안개, 그 안에서 더욱 강직하게 드러나는 건축의 선, 도시를 유영하듯 달리는

트램의 움직임, 잊지 못할 그와의 대화, 어두운 새벽 속에서도 달리던 사람들…. 이유를 생각할 겨를 없이 맘에 아로새겨지는 풍경들 속에서 느닷없이 겨울을 가장 좋아했던 어릴 적의 감정이 되살아났다. 여행 중에만 생겨나는 알 수 없는 용기와 생기는 내가 만들어낸 것이 아니었다. 영원히 지치지 않을 것만 같던 겨울이 그곳에 잠시 있었다.

https://www.carlotta-apartments.com/
Pestalozzistraße 56
10627 Berlin, Germany

한 권의 책으로 정리된 나의 글을 다시 읽어보니 참 많은 곳을 다녔구나 싶다. 39도까지 치솟아 숨을 헐떡이게 만든 이탈리아 만토바에서 보낸 여름, 코로나 시절에 백신 패스를 보여주어야만 체크인이 가능했던 알프스의 호텔, 흰 눈과 노란 전구들이 선명히 깔린 북구의 도시 스톡홀름까지.

무거운 트렁크를 끌고 이 도시에서 저 도시로 옮겨 다니는 고생스러움을 즐길 수 있었던 건 나를 기다리고 있을 작은 호텔 방에 대한 기대와 궁금증 때문이었다. 구김 하나 없이 빳빳한 시트가 깔린 침대, 최적의 조도로 불을 밝힌 조명, 아름답기까지 한 비품들의 정갈함…. 거기에 한 줌의 햇살이라도 스며 들어오는 방이라면, 이곳은 '처음 만나는 온전한 나의 세계'가 될 수 있었다.

호텔은 특수한 소비의 영역이다. 하룻밤에 십만 원짜리부터 천만 원짜리 방까지 다양한 스펙트럼이 존재한다. 최첨단 시설이나 최고급 가구, 높은 식음료의 수준에서 그 차이가 드러나기도 하지만, 궁극적으로는 그 호텔만의 고유한 서비스나 분위기, 히스토리 같은 보이지 않는 가치에서 '독보적인 호텔'의 여부가 결정된다. 보이는 것과 보이지 않는 것을 종횡으로 직조해 탁월한 '콘텐츠'로 고객을 매혹시켜야 하는 것이 요즘 호텔의 운명이다.

가끔은 내게 과분한 사치인 호텔도 있었지만, 그곳이 어떤 차원의 서비스와 스토리를 전달하는지, 그리고 가구와 조명, 패브릭, 공간의 동선, 나아가 호텔 안에 감도는 소리와 공기의 질을 어떻게 다루는지가 못내 궁금했다. 어차피 소비로부터 자유로울 수 없는 시대라면, 나는 일관된 소비를 하고 싶었다. 적어도 호텔이라는 망망한 세계의 일부를 직접 경험하고 느끼며 '호텔 이야기'라는 나만의 우물을 만들 수 있지 않을까 싶었다.

몸을 움직일 수 있는 한 여행을 계속할 것이다. 미지의 도시 속 숱한 호텔들이 나를 기다리고 있는 것만 같다. 다자이 오사무가 소설을 썼던 도쿄의 작은 호텔, 광활한 아메리카 대륙 사막 한가운데의 오아시스 같은 리조트, 『아라비안 나이트』에 나오는 카펫에 누우면 중정의 분수를 바라볼 수 있는 마라케시의 신비로운 방…. 호텔을 발견하고 기록하는 것이 당분간 나의 임무인 것만 같다.

photo credits

©Pionphotographie • p.36, 38, 47, 48, 49, 50, 51

©Bocci_photo: Harry Fricker • p.62

©Wilmina_photo: Patricia Parinejad • p.65

©Wilmina_photo: Chris Abatzi • p.69(상)

©Wilmina_photo: Markus Groeteke • p.69(하)

©Wilmina_photo: Patricia Parinejad • p.70, 71

©Audo Copenhagen • p.86, 89, 90, 91, 93, 96, 97

©Oliver Jiszda • p.100, 104, 106, 107, 108, 109

©Robert Rieger • p.126, 130, 131, 134, 135, 136(하)

©Pieter D'Hoop • p.136(상)

©Patrick Locqueneux • p.138, 141, 142, 143, 148

©Aman • p.220, 221 222, 260, 262, 263, 265, 270

©Beatrice Graaheim • p.272, 275, 277, 282, 283, 290, 291, 292

©Renee Kemps • p.286

©Felix Brueggemann • p.306, 309(상), 314, 315, 316, 317, 318, 319(상)

©Carlotta_photo: Markus Groeteke • p.323(상)

유럽 호텔 여행

초판 1쇄 발행 2024년 7월 4일
초판 2쇄 발행 2024년 7월 29일

지은이   박선영

펴낸이   김철식

펴낸곳   모요사

출판등록   2009년 3월 11일
             (제410-2008-000077호)

주소   10209 경기도 고양시 일산서구
             가좌3로 45, 203동 1801호

전화   031 915 6777

팩스   031 5171 3011

이메일   mojosa7@gmail.com

ISBN   978-89-97066-93-3 03980

HOTEL traveling

Europe

HOTEL traveling

Europe

HOTEL traveling

Europe

HOTEL travel

E

HOTEL traveling

Europe

HOTEL traveling

Europe

traveling

Europe

HOTEL

HOTEL traveling

Europe

HOTEL traveling

Europe

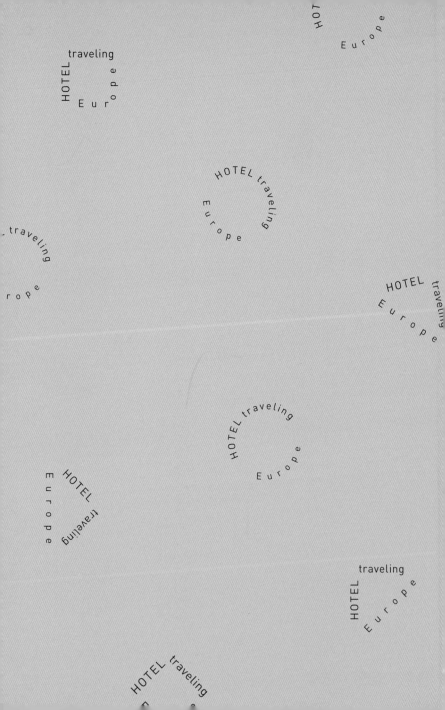